Beitrag zur Verwendung von *Mesocyclops thermocyclopoides* (Copepoda: Cyclopidae) für die Bekämpfung der Stechmücke *Aedes aegypti* (Diptera: Culicidae) in Costa Rica:

Biologische und strategische Aspekte

Von dem Fachbereich Biologie der Universität Hannover

Zur Erlangung des Grades eines Doktors der

Naturwissenschaften

Dr. rer. nat.

genehmigte Dissertation von

Dipl. Biol. Stefan Schaper,

geboren am 20.09.1970 in Hannover

2001

Herstellung: Books on Demand GmbH
ISBN 3-8311-1668-7

Referent: Prof. Dr. Wächtler

Korreferent: Prof. Dr. Liebisch

Tag der Promotion: 16.02.2001

Gliederung

Danksagung

Ohne die Hilfe von zahlreichen Menschen wäre diese Arbeit nicht zustande gekommen. Luisa E. Castillo und das Instituto Regional de Estudios en Sustancias Tóxicos haben Laborplatz zur Verfügung gestellt. Ramiro de la Cruz (EARTH), Roger Blancos (Area de Conservación Guanacaste) und Rolando Hidalgo (Finca Escuela de Ciencias Agrarias) haben mir die Flächen für die Freilandexperimente überlassen. Maria Marta Chavaría und „Lupo" danke ich für die Hilfe bei der Beschaffung der Bromelien für die Freilandexperimente, von der sie sich trotz eines Angriffes von afrikanisierten Bienen nicht abbringen lassen haben. Javier Guevarra (MINAE) erteilte die Sammelgenehmigungen, ohne die die Suche nach Copepoden nicht möglich gewesen wäre. Yahaira Ceciliano danke ich für die Hilfe bei der Erstellung der Fragebögen und bei der Durchführung der Umfrage. Weiterer Dank geht an die Clínica de Chacarita, insbesondere an Leonel Angulo und Lisbeth Soto, die mit viel Engagement die Versuche in Puntarenas erst möglich gemacht haben. Francisco Hernández und der Unidad de Microscopía electrónica möchte ich ebenfalls für sein hohes Engagement bei der Durchführung der Versuche in Puntarenas danken, sowie für die gute Zusammenarbeit bei der Elektronenmikroskopie. Dank gilt auch dem Entwicklungshilfeprogramm der Vereinten Nationen (PNUD), daß Teile der Elektronenmikroskopiekosten übernahm. Besonderers danke ich meinen Eltern und Großeltern für die Finanzierung, ohne die diese Arbeit nicht möglich gewesen wäre. Professor Wächtler danke ich für die Möglichkeit, dieses interessante Thema bearbeiten zu können. Professor Liebisch danke ich für die Korrektur des Manuskriptes.

ZUSAMMENFASSUNG

Die Virus-Erkrankungen bei Menschen und Tieren übertragende Mückenart *Aedes aegypti* stellt in den Tropen und Subtropen eine große gesundheitliche Bedrohung dar. In Costa Rica ist diese Stechmücke 1965 ausgerottet worden, es kam jedoch schon bald zu einem erneuten Befall. Seit 1993 konnten Fälle von Denguefieber beobachtet werden, in den Jahren 1994 und 1997 kam es zu Epidemien dieser Krankheit. Da sich in anderen Ländern Resistenzen gegen verschiedene Insektizide bildeten, sollte in dieser Arbeit der mögliche Einsatz von Ruderfußkrebsen gegen die Larven der Mücke betrachtet werden. Die in Costa Rica gesammelte Art *Mesocyclops thermocyclopoides* tötete 7 von 10 *Aedes aegypti*-Larven (1. Stadium, Dichte: 200 Individuen/l) und überlebte in typischen Larvenhabitaten, wie gebrauchten Autoreifen und Bromelien. Die Larven wurden überwiegend in der Abdominalregion angegriffen.

In Freilandversuchen wurde die Überlebensfähigkeit und Effizienz von *Mesocyclops thermocyclopoides* in drei verschiedenen Klimaten und unterschiedlichen Behältern getestet. In einem tropisch immerfeuchten Klima erreichten die Copepoden in Autoreifen eine Reduktion von *Aedes aegypti* von 99 %, in einer tropisch gemäßigten Zone 90% und in einem tropisch-trockenen Klimat 79% Reduktion. Obwohl ein *El Niño*-Phänomen die Testbedingungen erheblich erschwerte, konnten gute Überlebensraten der Copepoden in den Testbehältern beobachtet werden. Es wurde beobachtet, daß das Vorkommen der räuberischen Mückenart *Toxorhynchites* sp. die Effektivität der biologischen Kontrolle in allen Klimaten zusätzlich erhöhte. *Mesocyclops thermocyclopoides* läßt sich, um eine schnellere Reduktion der älteren Larven bzw. Puppen zu erzielen, mit *Bacillus thuringiensis* var. *israeliensis* (BTI) und Niem kombinieren, wobei sich BTI in der Praxis besser handhaben läßt. Eine auffällig große Zahl von Menschen ist nach Umfrageergebnissen bereit, neue Methoden zur Stechmückenbekämpfung zu verwenden.

In einer von Denguefieber betroffenen Region in Puntarenas wurden Schulkinder und ihre Eltern trainiert, Copepoden zu züchten und in ihren Wohnvierteln gegen die Mücken einzusetzen. 85% der Versuchsteilnehmer konnten die Tiere im ersten Versuch nachzüchten. Die Tiere wurden von den Teilnehmern außerdem an ihre Nachbarn weiter verteilt, wo sie ebenfalls nachgezüchtet und in die typischen Brutstätten der Mücken verbracht wurden. Aufklärungsversuche zur Beseitigung von potentiellen Eiablageplätzen (Müll, Autoreifen, etc.) hatten keinen Erfolg. Die erzielten Ergebnisse und die Analysen anderer Autoren wurden verwendet, um eine präventive und integrierte Strategie zur Bekämpfung von Denguefieber in Costa Rica auszuarbeiten, die sowohl Copepoden und BTI als auch herkömmliche Methoden wie Aufräumaktionen und Insektizidanwendungen miteinander kombiniert.

Keywords: *Aedes aegypti, Mesocyclpos thermocyclopoides*, Dengue.

SUMMARY

Because of its high vector capacity for pathogens, *Aedes aegypti* represents a considerable threat to human and animal health in the tropics and subtropics. In Costa Rica, this species was eliminated in 1965, but the country was reinfested soon. Since 1993, cases of dengue could be observed. In 1994 and 1997, epidemics occurred. Usually, the national health authorities controled the spread of the disease by the use of insecticides. Nevertheless, in many countries, resistances of the mosquitoes against the insecticides were observed. For this reason, experimental studies on the possible use of copepods that feed on larval *Aedes aegypti.*

The copepod *Mesocyclops thermocyclopoides* was the most succesful species in reducing the number of larval *Aedes aegypti* (7 larvae in 24h at a density of 200 *Aedes*/liter). The copepod was able to survive in *Aechmea* sp. bromeliads under laboratory conditions. In field trials under 3 different climatic conditions *M. thermocyclopoides* survived in water collected in bromeliad leaf axils and in used car tires. In tires, this species reduced the number of larval *Ae. aegypti* for 79, 90 and 99% in a tropical dry, moderate and humid climate, respectively. An El Niño phenomenon was affecting the results strongly by drought. The presence of the predatory mosquito *Toxorhynchites* sp. was increasing the effectiveness of the biological control. Mosquitoes belonging to the genus *Culex* were not reduced significantly. It is possible to combine copepods with *Bacillus thuringiensis* var. *israelensis* or Neem in order to kill older larvae and pupae. According to an inquiry made with people in the area under study, a significant number of people is considering to use new methods in mosquito control.

In a field trial in a Dengue affected region in Puntarenas, schoolchildren and their parents were trained to breed copepods and to use them for the control of mosquitoes. 85 % of them were able to reproduce the copepods in their first attempt. The animals were distributed to the neighboors, were they also were reproduced and rinsed into typical mosquito habitats. The results of this study were used to design an integrated control strategy that combines copepods, BTI and other traditional mosquito control methods for prevention of infection.

Keywords: ***Aedes aegypti, Mesocyclpos thermocyclopoides*, Dengue.**

Experimentelles Konzept:

a) Suche nach verschiedenen Copepoden Arten, Zucht unter Laborbedingungen

↓

<u>Bewertung</u> → **Arten, die keine Stechmückenlarven fressen**

↓

Arten, die sich von Moskitolarven ernähren ; unter Laborbedingungen züchtbar

↓

b) Test in verschiedenen Mückenhabitaten

↓

<u>Bewertung</u> **→ Arten mit schlechter Überlebensrate in Mückenhabitaten, geringe Verbreitung in Costa Rica**

↓

Arten mit guter Überlebensrate, ausreichende Verbreitung in Costa Rica, Berücksichtigung biologischer Aspekte

↓

c) Feldexperimente

<u>Bewertung</u> → ***funktioniert nicht***

↓ ***funktioniert***

d) Kombination mit anderen Kontrollmaßnahmen → ***funktioniert nicht***

↓ ***funktioniert***

e) Integration des Menschen → ***funktioniert nicht***

↓ ***funktioniert***

e) <u>Entwicklung einer integrierten Kontrollmaßnahme</u>

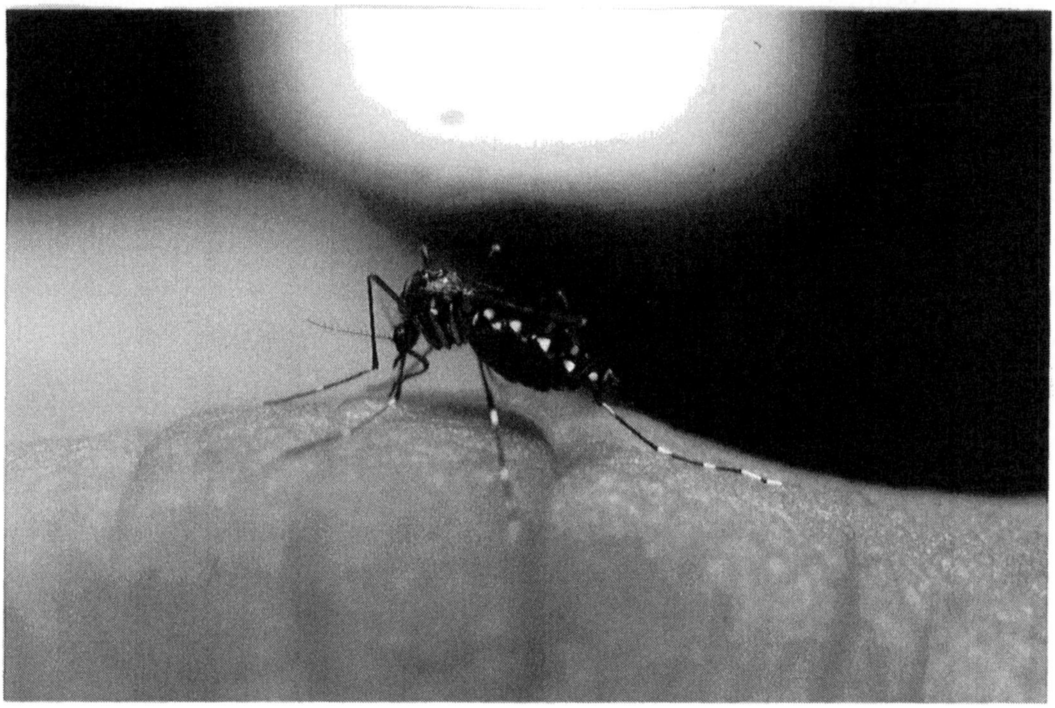

Abb. 1: Ein Weibchen vom *Aedes aegypti* bei der Blutaufnahme.

1. Bemerkungen zu *Aedes aegypti* und der Denguefieber-Problematik

1.1. Einführung

Die Stechmücke *Aedes aegypti* Linn. (Diptera: Culicidae) kommt ursprünglich aus Afrika, wurde aber mit dem Sklavenhandel auf den Karibikinseln eingeschleppt (Abb.1). Wahrscheinlich haben die Larven in den Trinkwassergefäßen der Sklavenschiffe überlebt und besiedelten anschließend den Ankunftsort (PICO 1969). Später verbreitete sich diese Art auch auf dem amerikanischen Festland. Die in Karibik eingeführte Unterart wird als *Aedes aegypti* s.s. (Typus-Form) bezeichtet, die sich dadurch auszeichnet, daß sie ihre Eier überwiegend in künstlichen Behältern ablegt (SOPER 1952, Trapido & Galindo 1954), genauso wie die in der Mittelmeerregion, Indien und Australien vorkommende *Aedes aegypti queenslandensis* Theobald (MATTINGLY 1957). Die südlich der Sahara lebende Unterart *Aedes aegypti formosus* Walker benutzt zur Eiablage bevorzugt Astlöcher. Sie wird als Wald-Form bezeichnet und ist dunkler gefärbt als *queenslandensis* (FONTENMILLE & RODHAIN 1989).

Die künstlichen Behälter, die von *Aedes aegypti* in der Karibik benutzt werden, sind Fässer, Eimer, Zisternen (MOORE *ET AL.* 1978), in Mittelamerika werden allerdings häufig Eier in gebrauchten und weggeworfenen Autoreifen, verstopften Regenrinnen, Blumenvasen und Plastikabfall gefunden (MINISTERIO DE SALUD, COSTA RICA, 1997, pers. Mitt.). Gelegentlich werden jedoch auch Eier und Larven in natürlichen Habitaten wie etwa Kalabassen, Kokosnüssen, Bromelien oder Felstümpeln gefunden, besonders dann, wenn eine große Anzahl der künstlichen Behälter im Zuge von Aufräumaktionen der Gesundheitsbehörden beseitigt wurden (CHADEE *ET AL.* 1998).

Die Verbreitung dieser Mücke reicht von 45° nördlicher bis 35° südlicher Breite auf allen Kontinenten mit Ausnahme der Antarktis (Abb. 2).

Aedes aegypti ist Überträger von Gelbfieber, Denguefieber und verschiedenen anderen Viruserkrankungen wie Chikungunya, Zika, Californischer und Venezuelanischer Enzephalitis, sowie des Hunde-Herz-Wurmes *Dirofilaria immitis* (U.S. DEPARTMENT OF HEALTH, EDUCATION AND WELFARE 1979). Aufgrund der circumtropischen Verbreitung dieser Mückenart und ihrer Fähigkeit, verschiedene Krankheitserreger übertragen zu können, ist diese Art von großer Bedeutung für die Gesundheit der Bevölkerung in den betroffenen Regionen. Besonders die rasche Zunahme von Denguefieber, insbesondere der hämorrhagischen Verlaufsform (DHF, Dengue hemorragic fever) dieser Krankheit ist besorgniserregend. Im Zeitraum von 1955 bis

1980 wurden von der WHO weltweit 1 Million Fälle von DHF registriert. Eine identische Anzahl von Fällen wurde von 1981 bis 1985 festgestellt. In den darauf folgenden Jahren 1985 bis 1990 wurde eine weitere Steigerung um 20 % beobachtet (IGARASHI 1997). Die hohen Steigerungsraten werden mit dem wirtschaftlichen Wachstum, steigendem Wohlstand und der Stadt-Land-Flucht in den Ländern der Tropen in Verbindung gebracht. Die verbesserte Diagnostik hat aber wahrscheinlich ebenfalls einen Einfluß auf die Höhe der Neuerkrankungen, da vielleicht vorher viele Erkrankungen nicht eindeutig dieser Infektion zugeordnet werden konnten. Durch die wirtschaftliche Entwicklung vieler Länder sind Wirtschaftszentren entstanden, in denen viele Menschen aus den ländlichen Regionen nach Arbeit suchen (IGARASHI 1997). Außerdem werden durch den gestiegenen Flugverkehr die Viren leichter in andere Regionen gebracht (GUBBLER & CLARK 1996). Durch die Art der Ansiedlungen, fehlende oder mangelhafte Kanalisation (SUARÉZ, pers. Mitt.), die zunehmende Verwendung von Einwegprodukten, sowie die unbefriedigende Entsorgung von Abfall und die geringe Aufklärung der Bevölkerung (pers. Beob.) zu diesem Thema sorgten für ideale Bedingungen für die bevorzugt intradomiziliär lebenden Stechmücken. Durch das auch in vielen Entwicklungsländern gestiegene Verkehrsaufkommen erhöhte sich, in Kombination mit meist schlechten Straßen, die Anzahl abgefahrener Autoreifen, die in aller Regel nicht ordnungsmäß entsorgt werden und als Eiablageplatz für *Aedes aegypti* von größter Bedeutung sind. Wegen der möglicherweise in naher Zukunft steigenden Temperaturen ist nach JETTEN & FOCKS (1997) mit einem weiteren Anstieg der Dengue-Fälle auch in Regionen zu rechnen, in denen die Krankheit heute noch nicht endemisch ist.

Die Bekämpfung von *Aedes aegypti* hat auf dem amerikanischen Kontinent eine lange Geschichte. Bereits 1920 gelang es in einigen Ländern, z.B. in Panama, die Mückenart auszurotten. Diese Erfolge hat man überwiegend durch die Vernichtung der Eiablageplätze und durch die Verbrennung von *Pyrethrum*-Blättern in den betroffenen Häusern erreicht. Da diese Aktionen zur Bekämpfung des Gelbfiebers meist isoliert stattgefunden haben, kann es immer wieder zur Neu-Besiedlung dieser Regionen durch die Insekten kommen.

1947 haben die Mitgliedsstaaten der Panamerican Health Organisation (PAHO) ein Programm zur Ausrottung von *Aedes aegypti* beschlossen. Mit Hilfe des damals neu eingeführten Insektizides DDT gelang es diesen Ländern Amerikas, die Mücke erfolgreich zu bekämpfen. 1965 wurde Amerika als *Aedes aegypti*-frei erklärt. Dennoch kam es nach 10-20 Jahren fast überall zum erneuten Auftreten dieser Mücke. 1977 waren nur noch 7 Länder *Aedes aegypti*-frei, da man in vielen Ländern nach der Ausrottung die Überwachung und Kontrolle von *Aedes aegypti* vernachlässigt hat (U.S. DEPARTMENT OF HEALTH, EDUCATION AND WELFARE 1979). Heute ist lediglich Chile frei von *Aedes aegypti* (WHO 1998), möglicherweise aufgrund seiner besonderen geographischen Lage und topographischen Gliederung.

Eine weitere Gefahr droht den Ländern Amerikas durch die Einführung der aus Asien stammenden Art *Aedes albopictus* Skuse. Die Eier und Larven dieser Mücke sind in Schiffsladungen mit gebrauchten Autoreifen nachgewiesen worden. Diese Reifen werden insbesondere von Ländern wie Japan und den USA in verschiedene Schwellenländer exportiert (REITER & SPRENGER 1987), wo sie wegen ihres günstigen Preises von vielen Autofahrern verwendet oder zu anderen Produkten verarbeitet werden. In Guatemala wurden 1995 bereits Populationen dieser Art nachgewiesen (OGATA & SAMAYOA 1996), in Costa Rica wurde sie im Oktober 1998 beobachtet (Roger Blancos 1998, pers. Mitt.).

Aedes albopictus ist nicht nur ein potentieller Vektor von Denguefieber, sondern auch von mehr als 20 weiteren Viren, u.a. verschiedener Formen der Encephalitis (REITER 1998).

1.2. Denguefieber

Der spanische Begriff „dengoso“ , nach dem diese Infektionskrankheit benannt wurde, bedeutet Zimperlichkeit oder Geziertheit und nimmt auf den gezierten Gang der erkrankten Menschen bezug, sowie auf die Empfindlichkeit der Opfer gegenüber Berührungen. Der Erreger des Denguefiebers gehört zur Familie Flaviviridae, zu der u.a. auch der Gelbfiebererreger gehört. Es handelt sich um RNA-Viren (WU *ET AL.* 1995). Man unterscheidet zwischen 4 verschiedenen Serotypen des Virus: DEN-1 bis DEN-4, die in den Tropen und Subtropen der Erde vorkommen (Abb. 2). Eine Impfung gibt es bisher nicht (WHO 1998).
Beim Verlauf der Krankheit unterscheidet man verschiedene Typen:

Klassisches Denguefieber

Diese, vergleichsweise milde Verlaufsform, zeichnet sich durch heftiges Fieber, Knochen- Muskel- und Gelenkschmerzen aus. Auch die Augen können schmerzen. Gelegentlich kommt es zu Hautausschlägen, außerdem zeigen sich häufig Erbrechen und Schüttelfrost (PAHO 1979). In einigen wenigen Fällen kommt es zu neurologischen Komplikationen wie Schläfrigkeit, Gedächnisverlust und Erschöpfung (ROW *ET AL.* 1996). Die Krankheit ist in etwa 100 Ländern der Welt endemisch, jährlich treten schätzungsweise mehrere 10 Millionen Erkrankungen auf. 2.5 Milliarden Menschen leben ständig mit dem Risiko, an Denguefieber zu erkranken (WHO 1998).

Hämorrhagisches Denguefieber und Dengue-Schocksyndrom (DHF/DSS)

Hier zeigen sich außer den bei der klassischen Form vorkommenden Symptomen außerdem innere Blutungen, erhöhte Permeabilität der Blutgefäße, Plasmaverlust und Hämoglobin-Konzentration, die zu schweren Schocksyndromen führen können, wenn es zu Verklumpungen innerhalb der Blutbahnen kommt. Wenn ein an DHF/DSS erkrankter Patient nicht umgehend ärztliche Behandlung bekommt, ist mit unmittelbarer Lebensgefahr zu rechnen (Mortalität 40-50 %). Weltweit werden nach Angaben der WHO etwa 500.000 Personen mit DHF/DSS stationär behandelt, wobei es zu 24.000 Todesfällen kommt (Mortalität 5%). In Kambodscha gilt DHF sogar als eine der 10 häufigsten Ursachen für die Kindersterblichkeit in diesem Land (SUNNARA & SOCHANTA 1995).

Es gibt zwei verschiedene Theorien, die das Auftreten von DHF/DSS erklären sollen (nach IGARASHI 1997):

Die Theorie der zweiten Infektion

Hier vermutet man eine Hypersensibilisierung des Patienten durch eine in der Vergangenheit erlittene Dengue-Infektion. Die betroffene Person reagiert nun überempfindlich auf eine neue Infektion und erkrankt an DHF/DSS. Man spricht auch von einer verstärkten Immunreaktion, die insbesondere zu DSS führt.

Es gibt Hinweise, die diese Theorie stützen, allerdings erklärt sie nicht das sogenannte Eisberg-Phänomen, das besagt, daß nur ein sehr geringer Teil der Dengue-Patienten an DHF/DSS leidet. Dieser Erklärungsversuch wird u.a. durch die Beobachtung gestützt, daß die meisten DHF/DSS-Patienten zuvor mindestens einmal an der klassischen Verlaufsform erkrankt sind. Diese Erkrankung lag meist schon mehrere Jahre zurück.

Die Theorie der erhöhten Virulenz des Stammes

In diesem Fall tritt durch eine Mutation eine besonders virulente Variante des Virus auf. Bei in Vietnam isolierten DEN-2 Viren, die von DHF/DSS-Patienten stammten, hat man Veränderungen in einer Aminosäuresequenz und einem Genabschnitt gefunden, die Bedeutung dieser Veränderung ist aber noch unklar (IGARASHI 1997). Außerdem traten 1998 in Costa Rica einige Fälle von DHF auf, in denen der Patient offensichtlich zuvor <u>nicht</u> an klassischem Denguefieber erkrankt war.

Die Infektion mit Dem Dengue-Erreger ruft nicht nur beim Menschen Krankheitssymptome hervor. Auch die Mücken werden durch den Virusbefall beeinträchtigt. Hier zeigt sich insbesondere eine Infektion des Nervensystems, inklusive des Zentralganglions, Johnstonschen Organs, Komplexauges, und des Torax- und Abdominalganglions.

Eine bedeutsame Folge dieser Infektion der Mücke besteht in der Verlängerung der Zeit, die das weibliche Tier benötigt, um eine vollständige Blutmahlzeit aufzunehmen. Da die Tiere beim Blutsaugen oftmals gestört werden und deshalb gezwungen sind, die Mahlzeit zu unterbrechen, wächst mit jeder Unterbrechung die Wahrscheinlichkeit, daß sich die Mücke erneut einen Wirt suchen muß. Wenn die Mücke außerdem mit dem Dengue-Erreger infiziert ist und somit für die Aufnahme einer vollständige Mahlzeit einen längeren Zeitraum benötigt, wächst die Wahrscheinlichkeit, daß das Weibchen häufiger unterbrochen und ein neues Opfer suchen muß. Die Infektion mit dem Dengue-Erreger hat daher bei der Mücke die Folge, daß er mehr Menschen stechen muß, die anschließend an Denguefieber erkranken können. Die Viren erhöhen auf diese Weise das Vektorpotential der Mücke und erreichen eine bessere Verbreitung in der Population ihres wichtigsten Wirtes, des Menschen (PLATT *ET AL.* 1997).

Bei 28°C dauert es 10 Tage, bis die Stechmücke das Virus weiter geben kann, in Australien wurde jedoch 1997-1998 ein Zeitraum von 8 Tagen beobachtet, möglicherweise als Folge höherer Temperaturen oder einer verstärkten Virulenz (RITCHIE 1998).

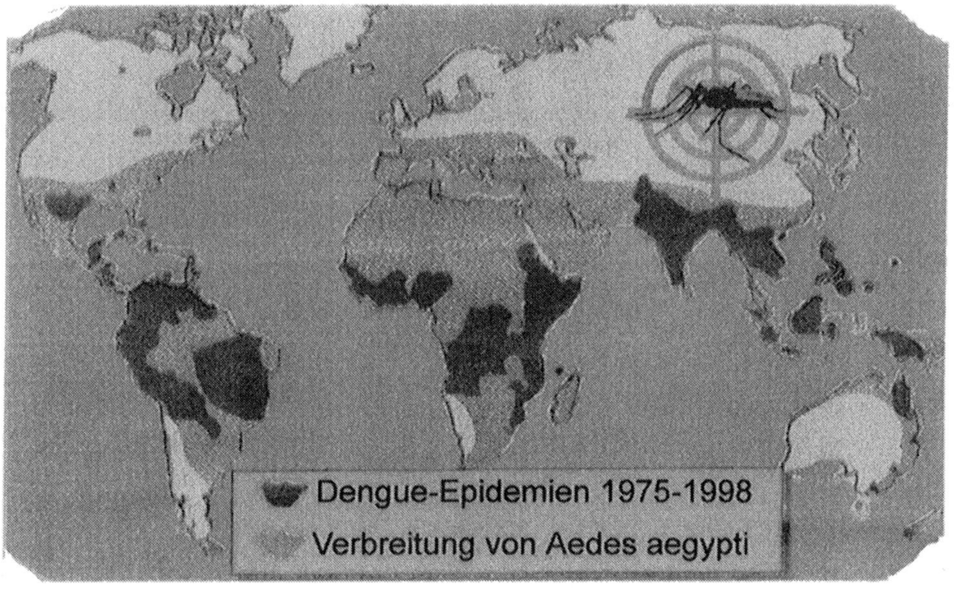

ABB. 2: Verbreitung von *Aedes aegypti* und Denguefieber (CDC 1998, verändert).

1.3. Denguefieber in Costa Rica

Wissenschaftlich bisher nicht bestätigten Angaben zufolge wurde Denguefieber in Costa Rica infolge des Nicaragua-Krieges eingeschleppt. Nach Angaben des costarikanischen Gesundheitsministeriums haben kubanische Militärberater der Sandinisten-Regierung, die sich zuvor in Angola aufhielten, als Virusträger die Infektion nach Nicaragua eingeschleppt. Da zur Zeit des Konfliktes keine ausreichende Gesundheitsvorsorge getroffen werden konnte und die *Aedes*-Mücken sich bereits vorher weit ausbreiten konnten, kam es zu ersten Erkrankungen in Nicaragua. Zudem sind viele Nicaraguaner während und nach dem Ende des Krieges nach Costa Rica ausgewandert, um der Verarmung und dem Elend zu entkommen. Noch heute wird Costa Rica jedes Jahr von ca. 600.000 Saisonarbeitern aufgesucht, die das Land meist illegal betreten. Über den Zustrom von Wanderarbeitern könnte das Denguefieber in dieses mittelamerikanische Land verschleppt worden sein.

1993 wurden die ersten Fälle offiziell registriert, im folgenden Jahr wurden bereits mehr als 13.000 Erkrankungen nachgewiesen. Der vorläufige Höhepunkt wurde im Jahr 1997 erreicht, als mehr als 15.000 Patienten mit dieser Erkrankung festgestellt wurden (Abb. 3). Ebenfalls 1997 gab es die ersten Fälle von DHF. Es ist davon auszugehen, daß es eine erhebliche Dunkelziffer gibt, da viele Fälle bei nur leichten Fiebersymptomen kein Krankenhaus aufsuchen und sich der Diagnose entziehen.

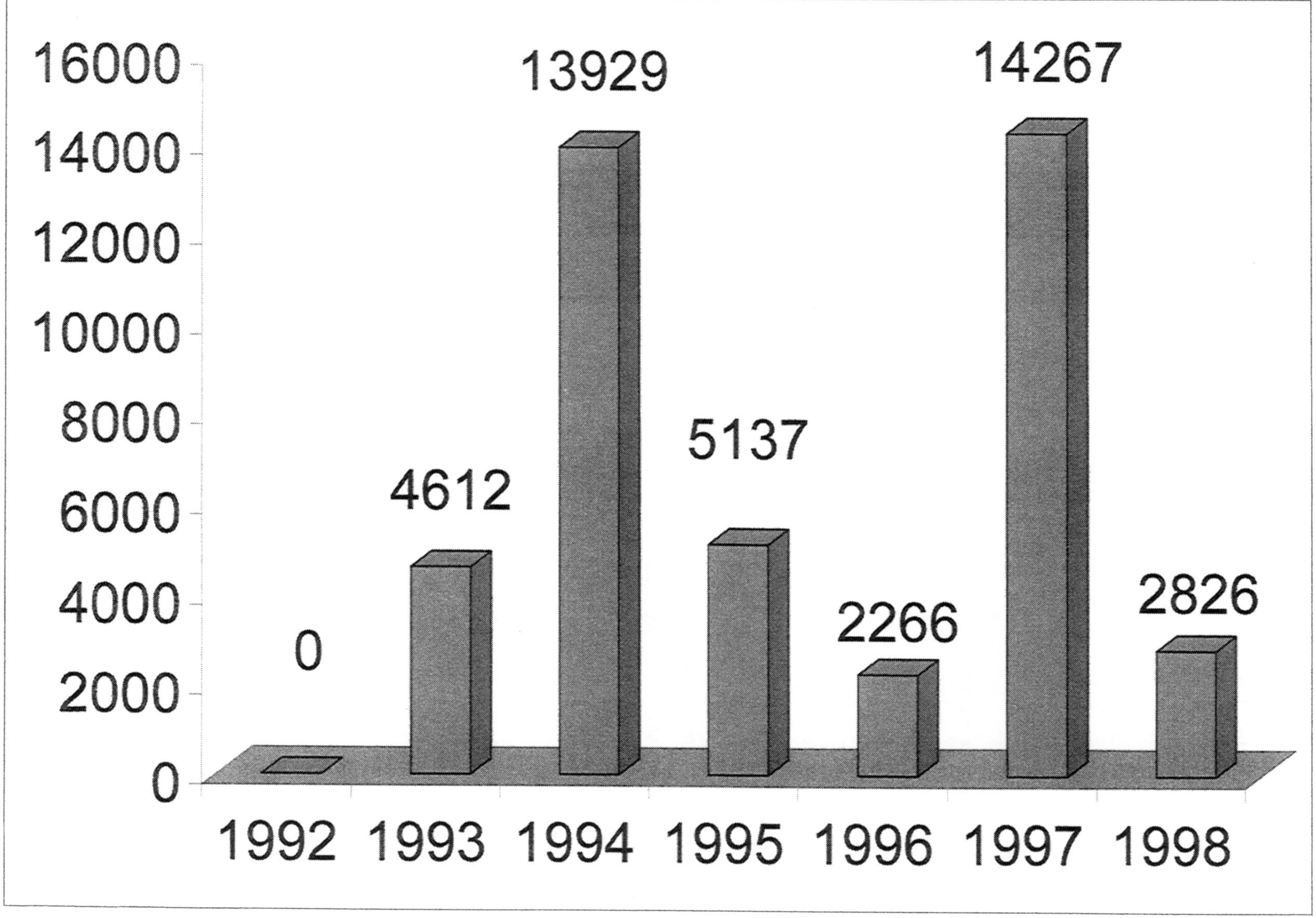

ABB. 3: Nachgewiesene Fälle von Dengue-Fieber in Costa Rica (Netsalud 1998, verändert).

1.4. Beschreibung der aquatischen Stadien von *Aedes aegypti*

EINFÜHRUNG

Die Imago der Stechmücke *Aedes aegypti* entwickelt sich aus einem Ei, gefolgt von vier Larvenstadien, der Puppe und dem adulten Tier. Die Larvenstadien und Puppen leben aquatisch. Die Eier wird vom Weibchen an den Rand eines Behälters mit Wasser gelegt. Wenn es zu Niederschlägen kommt, füllt sich der Behälter und die Eier bekommen Kontakt mit dem Wasser und können sich entwickeln. Auf diese Weise wird garantiert, daß die Eier in einem Gefäß schlüpfen, in dem sich genügend Wasser befindet, da potentiell die Gefahr besteht, daß die kleinen Behälter, die *Aedes aegypti* meist bevorzugt, austrocknen, bevor die aquatische Phase abgeschlossen ist. Sollte es keine Niederschläge geben, kann das Ei mehrere Monate Trockenheit überstehen. FONTENMILLE & RODHAIN (1989) geben als Minimumtemperatur für die Entwicklung einer Population 18 °C an (Durchschnitt des kältesten Monats des Jahres), bei einer maximalen Dauer der Trockenzeit von 3 Monaten. Die Niederschlagsmenge sollte 1500 mm nicht überschreiten, es wurde jedoch auch in Klimaten mit größeren Regenmengen, wie in Kamerun, *Aedes aegypti* nachgewiesen.

Im Labor kann man häufig beobachten, daß die Eier direkt auf die Wasseroberfläche gelegt werden, weil als Eiablageplätze meist Glasbecher angeboten werden, an deren glatten Wänden die Weibchen die Eier nicht anheften können (pers. Beob.).

Bis zum Schlüpfen vergehen zwischen 2 und 12 Tagen, je nachdem, wie lange sich der Embryo in einer Ruhephase befunden hat. Die Entwicklung der Larven vollzieht sich in 4 verschiedenen Stadien und dauert bei 30°C und optimaler Futterversorgung etwa 5-6 Tage. Die Larven ernähren sich von Bakterien, Bakterienbelägen und Detritus. Im Labor können sie mit Trockenfutter (Pellets) gefüttert werden.

Die 4 Larvenstadien sehen sich, abgesehen von ihrer unterschiedlichen Größe und dem Sklerotisierungsgrad, äußerlich sehr ähnlich. Mögliche Unterschiede sind bisher nur unzulänglich bekannt. Einige der Charakteristika werden dabei mit *Culex* sp. verglichen. Die meisten Bestimmungschlüssel für Mückenlarven basieren auf Beschreibungen des 4. Larvenstadiums (z.B.

CLARK-GILL & DARSIE 1983). Die meisten im Freiland gesammelten Proben enthalten jedoch meist Vertreter vieler Larven-Stadien, so daß es für die Durchführung der später beschriebenen Feldversuche nötig war, die unterschiedlichen aquatischen Stadien zu beschreiben.

MATERIAL UND METHODEN

Aedes aegypti-Larven aller 4 Stadien und Puppen wurden in 5 % Glutaraldehyd fixiert und nach einem Tag mit 0.1 M Phosphatpuffer gewaschen sowie mit 1 % OsO_4 nachfixiert. Danach wurde die Probe in Alkohol (30-100 %) dehydriert, in einem Kritischen-Punkt-Trockner behandelt, auf Aluminiumsockeln montiert und mit 10 nm Gold beschichtet. Die fertigen Präparate wurden unter einem Hitachi S-570 Elektronenmikroskop betrachtet und nach morphologischen Gesichtspunkten untersucht.

ERGEBNISSE UND DISKUSSION

Die Larven von *Aedes aegypti* zeigten eine unterschiedliche Morphologie der Mundborsten der lateral palatalen peniculären Zone. Diese Strukturen werden von den Tieren dazu verwendet, das Wasser nach Bakterien durchzufiltern und Bakterienbeläge abzuraspeln. Bei den Stadien 1 und 2 waren die kammartigen Zähne auf diesen Borsten weitgehend gleichförmig gebaut, während sich beim 3. und 4. Stadium einzelne, deutlich längere Zähne bildeten, die dazu beitragen könnten, größere Futterpartikel abzutragen. Von der Verlängerung sind die letzten 5-6 Zähne jeder Borste betroffen (Abb. 4 und 5). Zudem nahm das Volumen der Mundborsten im Verlauf der Entwicklung deutlich zu (Abb. 6 und 7). *Culex* sp. weist beim 4. Stadium eine völlig anders gestaltete Mundborste (Abb. 8) auf, auch bei einer Frontalansicht zeigt sich eine deutlich filigranere Struktur der Borsten (Abb. 9).

Außerdem ließ sich beobachten, daß der ventrale Borstenfächer am 9. Abdominalsegment von *Aedes aegypti* beim 1. Stadium nur aus 1 bis 2 Borstenpaaren besteht, während er beim 2. Stadium aus 3 Paaren und beim 4. Stadium aus 4 Paaren besteht (Abb 10 und 11). Darüber hinaus kommt es zum Splicen der einzelnen Haare (Abb. 11).

Beim Pekten, einer Struktur am Siphon der Larve, fand sich ebenfalls eine geringere Anzahl von Dornen als beim 4. Stadium. Das 1. Stadium zeigt nur 2 fächerförmige Pektendornen, die aus 7 Einzeldornen bestehen (Abb. 12), während sich beim 4. Stadium 15-16 Dornen finden, die aus einem Hauptdorn und 2-3 Nebendornen bestehen (Abb. 15). Beim 3.

Stadium fanden sich 11 Dornen, die 2-4 Nebendornen aufwiesen (Abb. 14), beim 2. Stadium konnten 4-5 Nebendornen beobachtet werden (Abb. 13). Bei *Culex* sp. ist beim 4. Stadium nur beim basal gelegenen Pektendornen eine Differenzierung in Haupt- und Nebendornen zu beobachten (Abb. 16).

Die Betrachtung der einzelnen Borsten am Kopf der Larve zeigte keine Veränderung im Verlauf der Entwicklung (Abb. 17 und 18). Auch die terminalen Strukturen des Siphons wiesen keine Unterschiede auf (Abb. 19 und 20).

Der Kamm, der sich lateral am 8. Körpersegment befindet, weißt beim 1. Stadium 5 Schuppen auf, während beim 4. Stadium 10 beobachtet werden. Beim 3. Stadium wurden 8 und beim 2. Stadium 7 Schuppen gezählt. Die Kammschuppen wiesen beim 1. Stadium eine geringere Ausdifferenzierung (Abb. 21) als beim 4. Stadium (Abb. 23). Die Struktur der 20 Einzeldornen pro Schuppe ist nahezu gleichförmig, während sich beim 4. Stadium ein Hauptdorn mit 9-12 subapicalen Nebendornen herausbildet. Beim 3. Stadium wurden 19-21 Nebendornen gezählt (Abb. 14). Stadium 2 nimmt eine Zwischenstellung ein (Abb. 22). Bei *Culex* (Abb. 16) sind die Kammdornen in Reihen angeordnet und weisen eine wenig ausdiffernzierte Form auf, die keinen Hauptdorn erkennen läßt.

In Abb. 24 ist ein Größenvergleich der Stadien 1-3 zu sehen. Abb. 25 zeigt den Siphon von *Aedes aegypti*, der deutlich gedrungener gebaut ist, als der von *Culex* (Abb. 26). Die Antenne der Larve ist auf Abb. 27 zu sehen.

Die Puppe (Abb. 28) von *Aedes aegypti* zeigt dorsal einen Borstentyp, der weder beim Larven-, noch beim adulten Stadium beobachtet werden kann. Es handelt sich hierbei um eine einzelne Borste, die sich in einen Fächer aufgliedert.

Die Elektronenmikroskopie ermöglichte in diesem Fall besonders die Beobachtung feiner Strukturen, wie etwa der Mundborsten, die bei lichtmikroskopischer Betrachtung deutlich schwieriger zu analysieren sind. Diese Technik wird insgesamt selten benutzt, um die Morphologie von Moskitos zu beschreiben, lediglich die Eier werden von einigen Autoren auf diese Art und Weise betrachtet (z.B. LINLEY 1989).

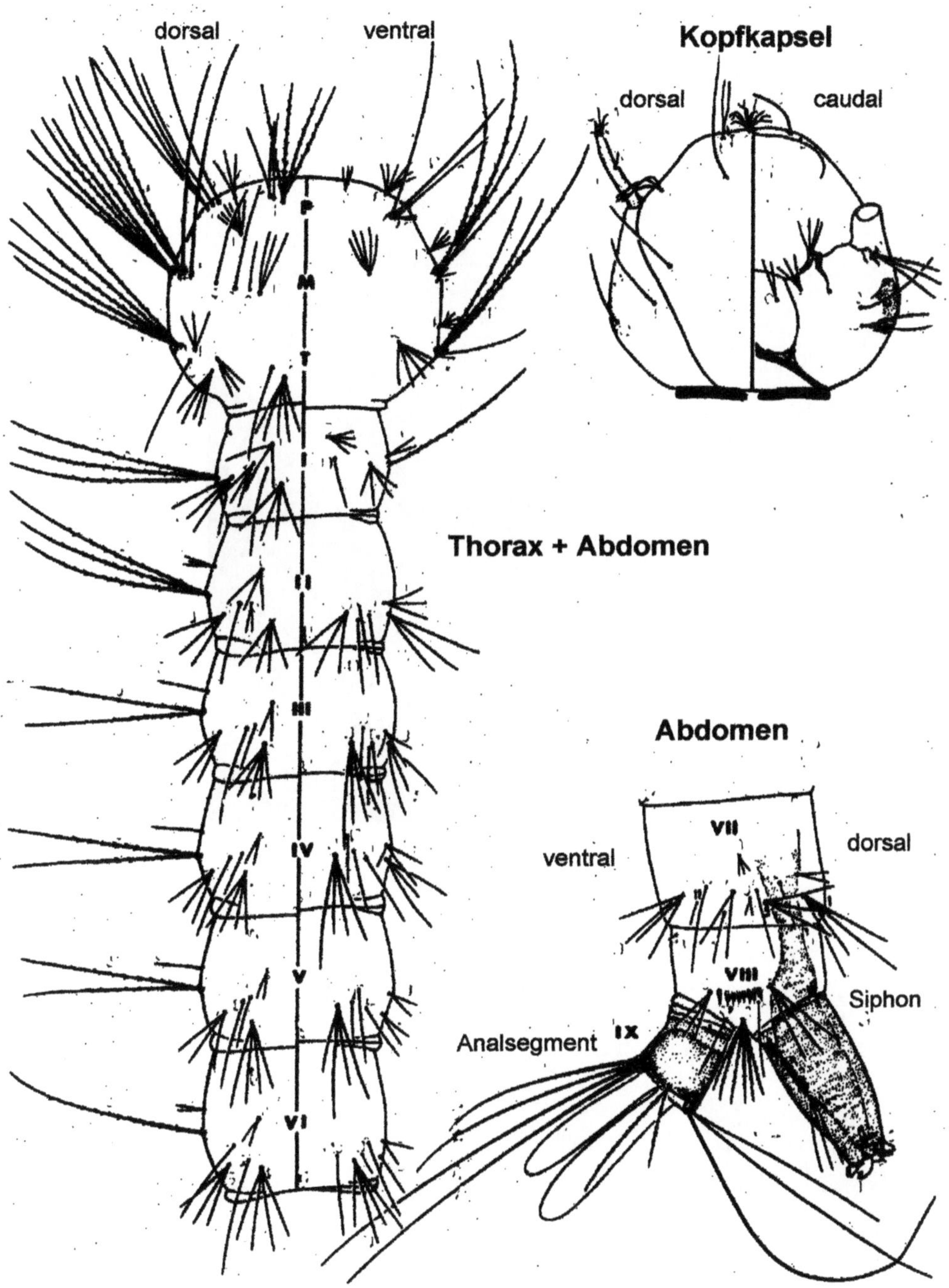

ÜBERSCHICHT 1: Morphologie einer Larve (4. Stadium) der Gattung *Aedes*. (Nach HAWLEY 1988, verändert)

ABB. 4: Mundborsten von *Aedes aegypti*, 1. Larvenstadium.

ABB. 5: Mundborsten von *Aedes aegypti*, 4. Larvenstadium.

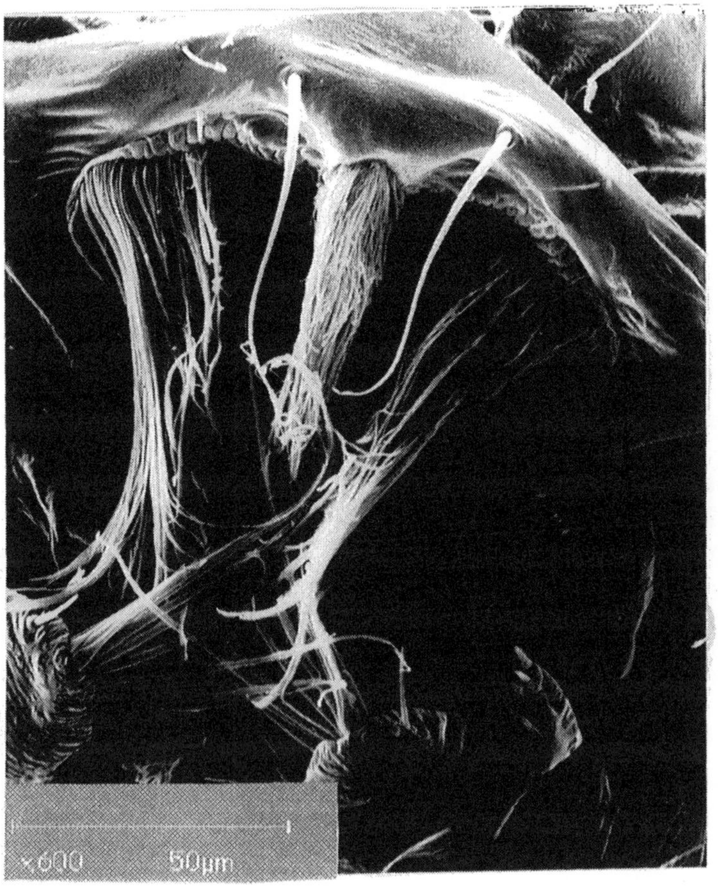

ABB. 6: Übersicht Mundborsten, Larvenstadium 1.

ABB. 7: Übersicht Mundborsten, Larvenstadium 4.

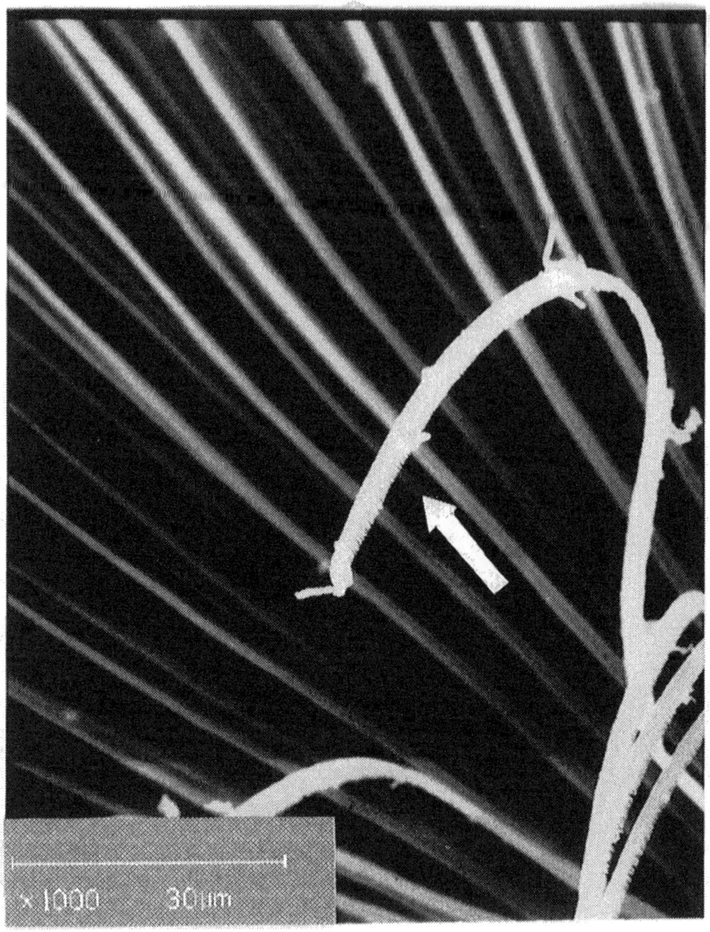

ABB. 8: Ausprägung der Mundborste bei *Culex* sp.

ABB. 9: Übersicht über die Mundborsten bei *Culex* sp.

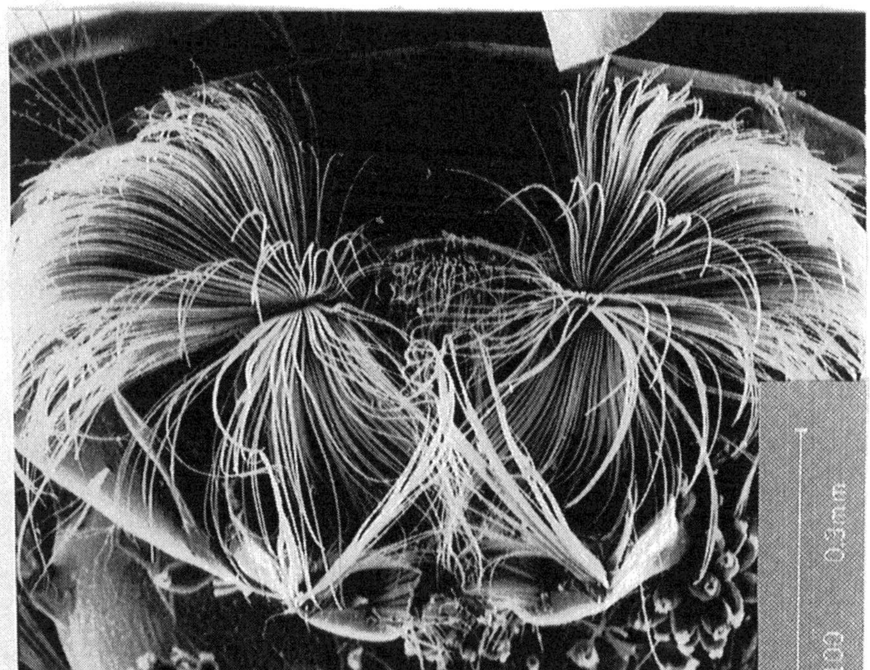

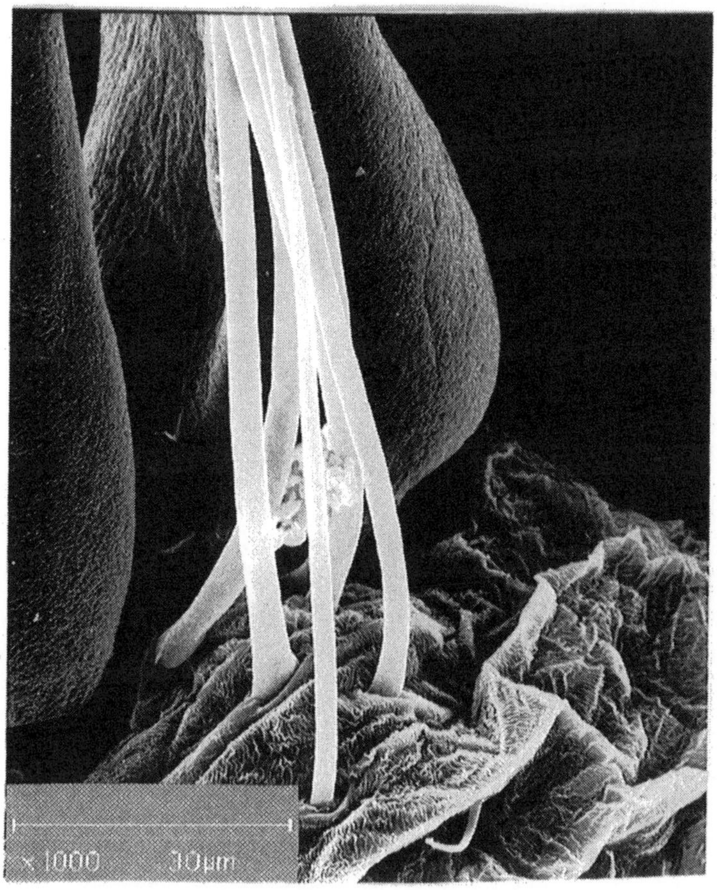

ABB. 10: Ventraler Borstenkamm am Analsegment (9) beim 2. Larvenstadium von *Aedes aegypti*.

ABB. 11: Ventraler Borstenkamm am Analsegment (9) beim 4. Larvenstadium von *Aedes aegypti*. Der Pfeil zeigt das Aufsplicen der Borsten.

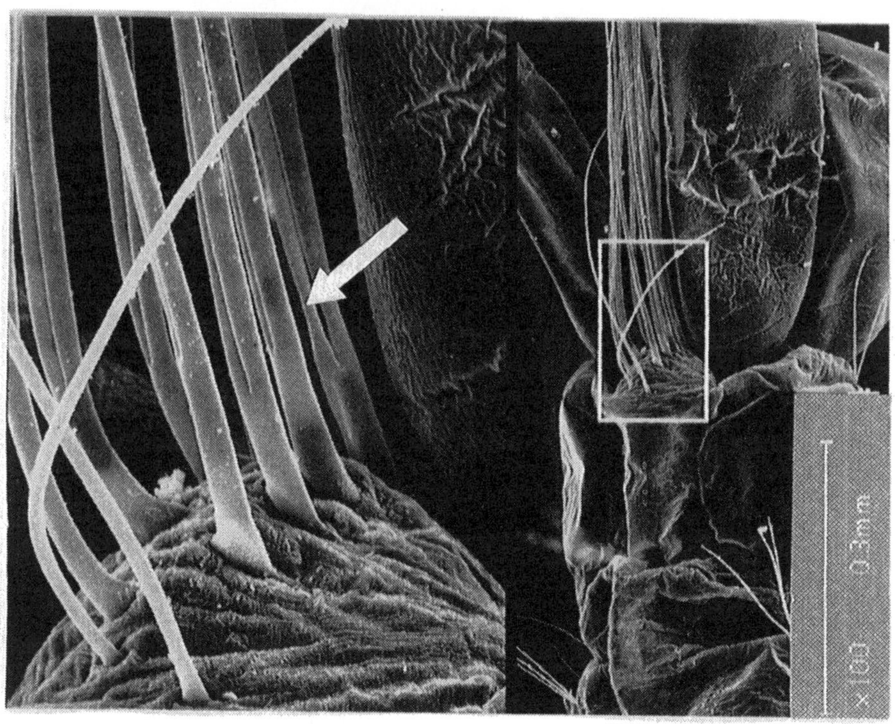

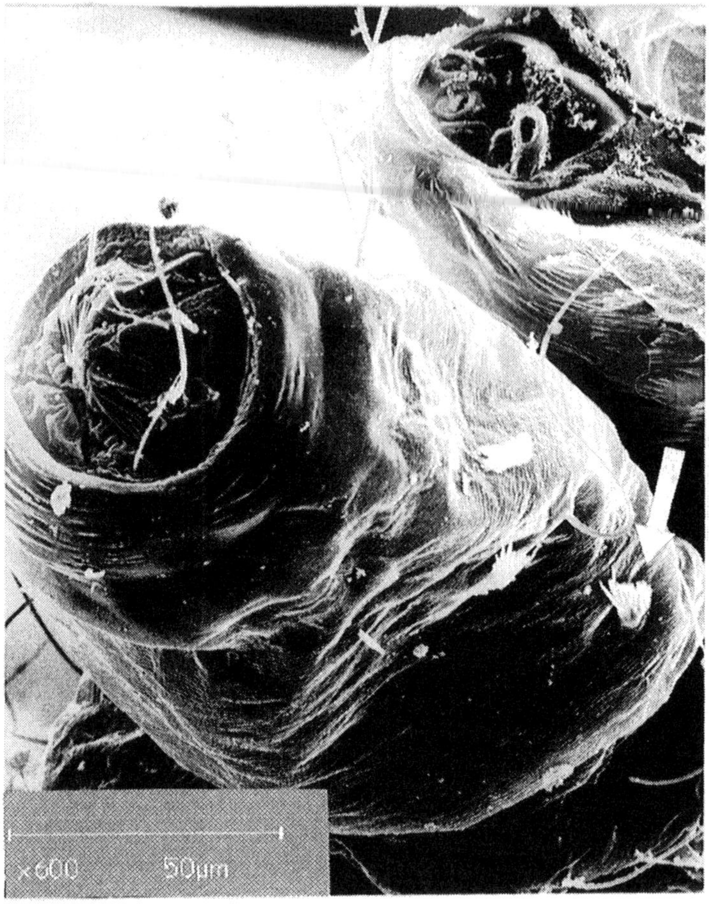

ABB. 12: Siphon und Pekten (Pfeil) beim 1. Larvenstadium von *Aedes aegypti*.

ABB. 13: Pekten (Pfeil rechts) und Kamm (Pfeil links) beim 2. Larvenstadium von *Aedes aegypti*.

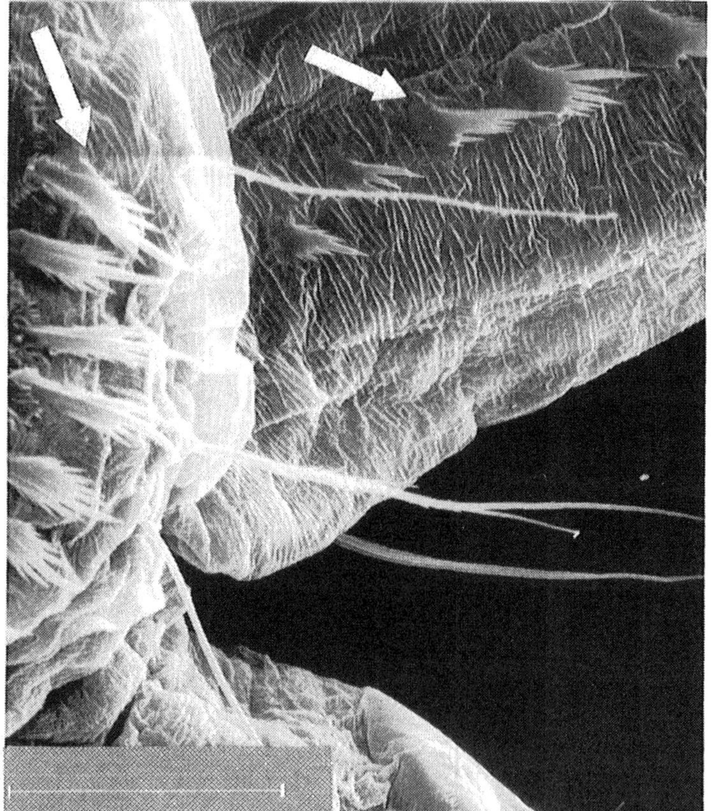

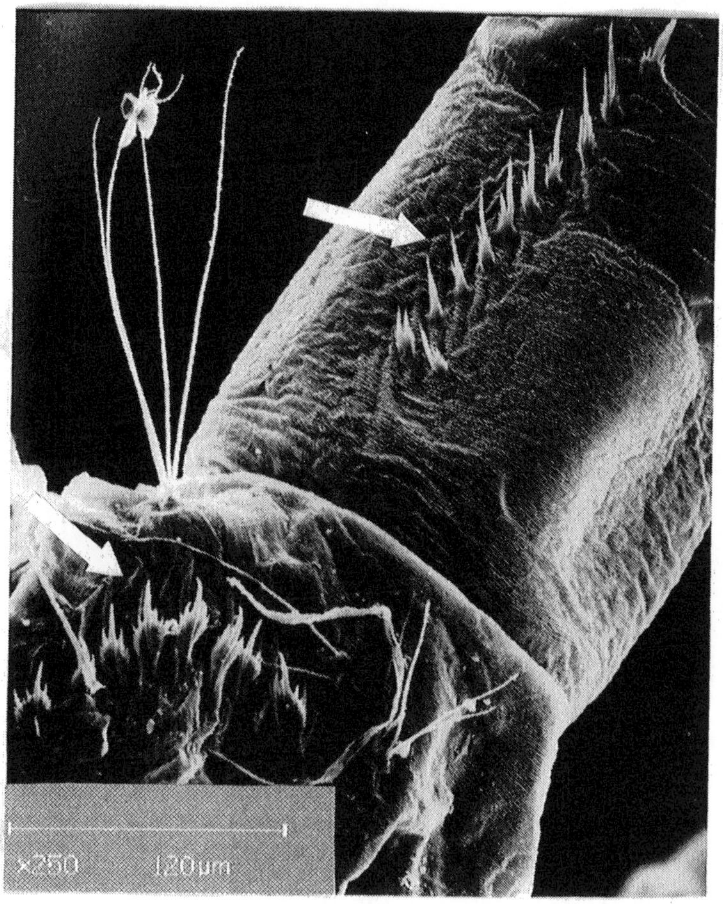

ABB. 14: Pekten (Pfeil oben) und Kamm (Pfeil unten) beim 3. Larvenstadium von *Aedes aegypti*.

ABB. 15: Pekten (Pfeil unten) und Kamm (Pfeil oben) beim 4. Larvenstadium von *Aedes aegypti*.

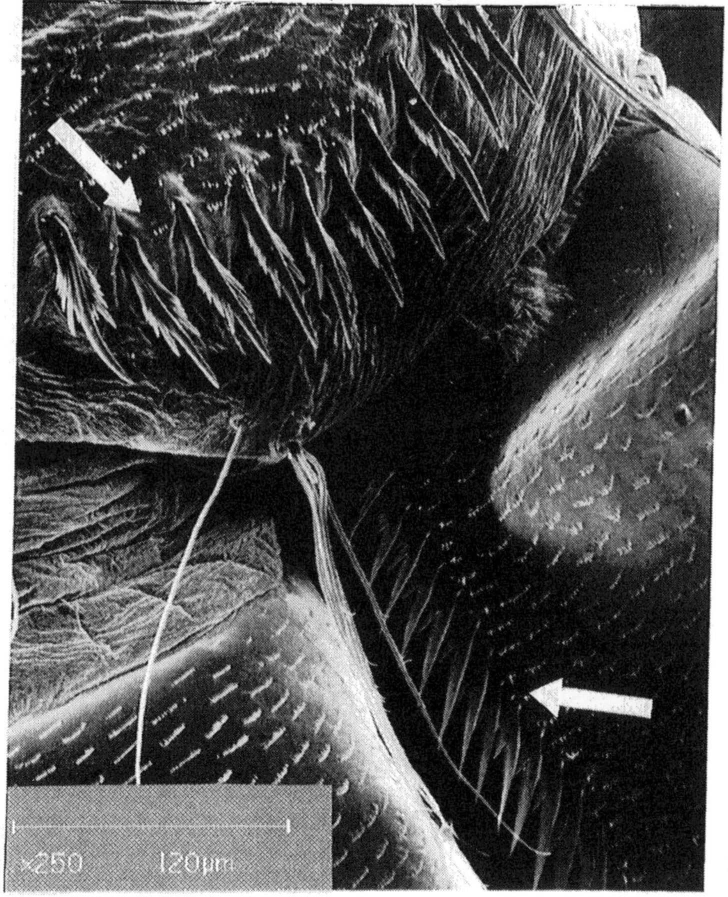

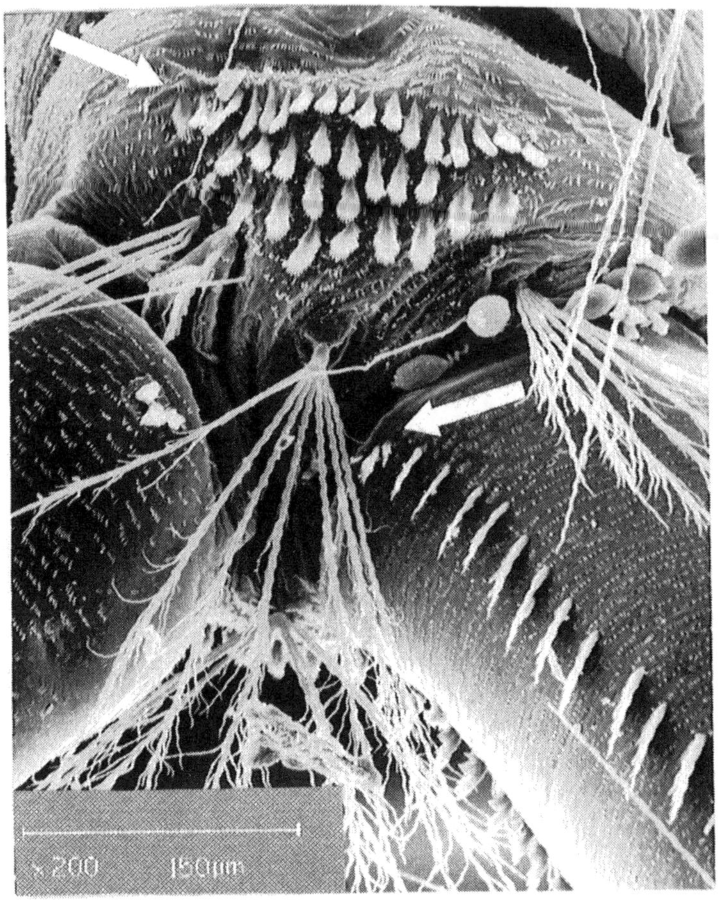

ABB. 16: Pekten (Pfeil unten) und Kamm (Pfeil oben) bei *Culex*. Man beachte die unterschiedliche Ausprägung der basalen Pektenborste (Pfeil unten).

ABB. 17: Betrachtung der Borsten des Kopfes (dorsal) beim 1. Stadium von *Aedes aegypti*.

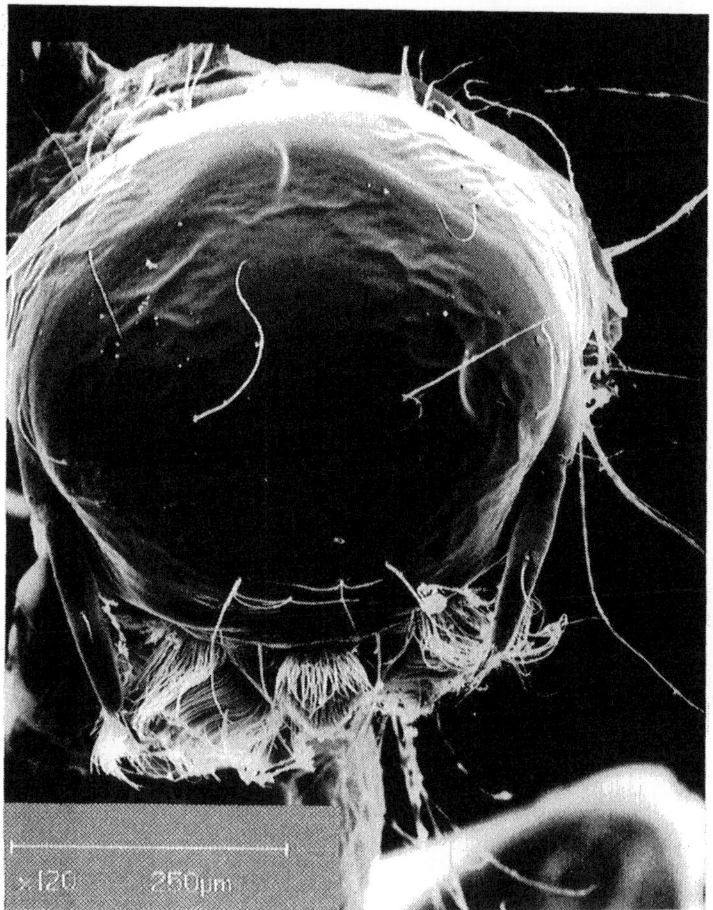

ABB. 18: Betrachtung der Borsten des Kopfes (dorsal) beim 4. Stadium von *Aedes aegypti.*

ABB. 19: Betrachtung der terminalen Strukturen des Siphons beim 1. Stadium von *Aedes aegypti.*

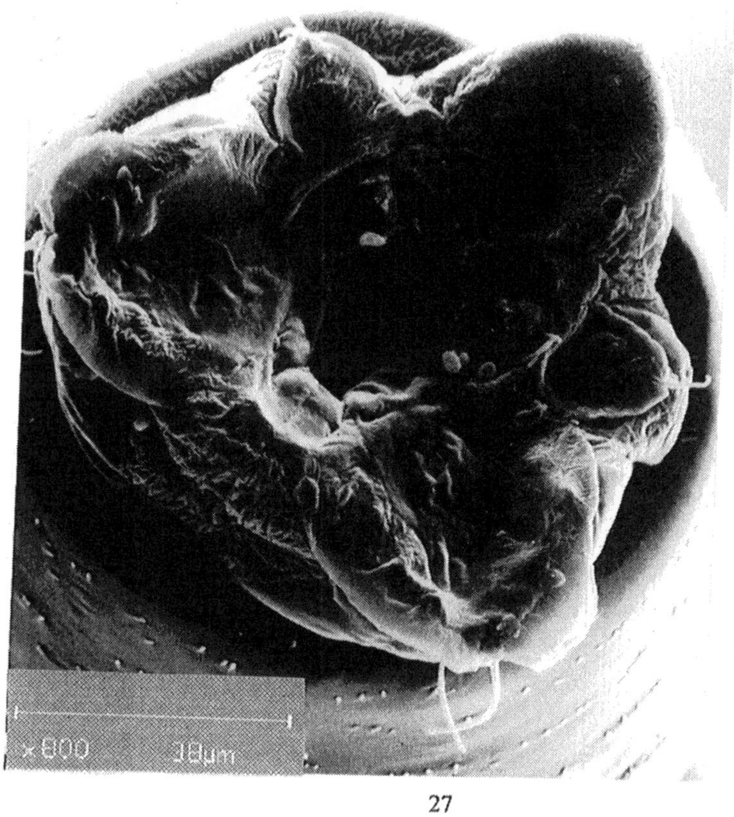

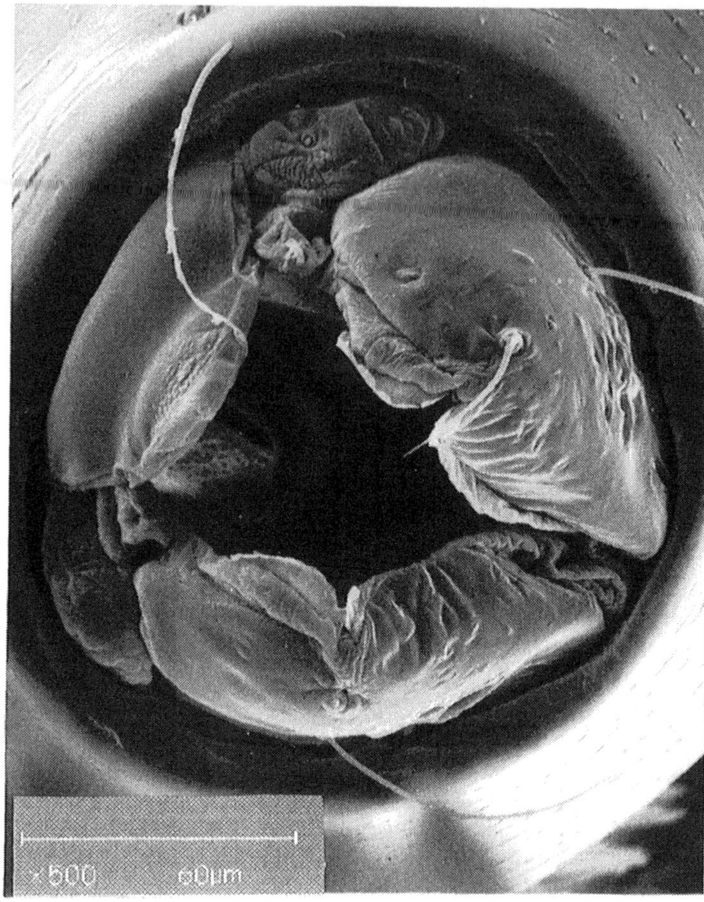

ABB. 20: Betrachtung der terminalen Strukturen des Siphons beim 4. Stadium von *Aedes aegypti.*

ABB. 21: Ausdifferenzierung der Kammschuppen beim 1. Larvenstadium (Pfeil).

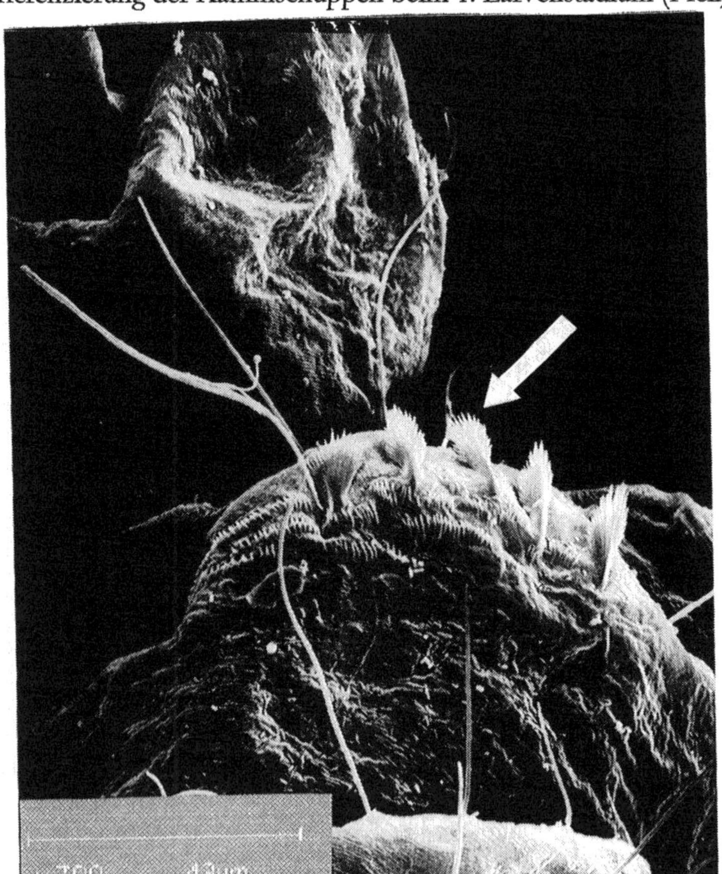

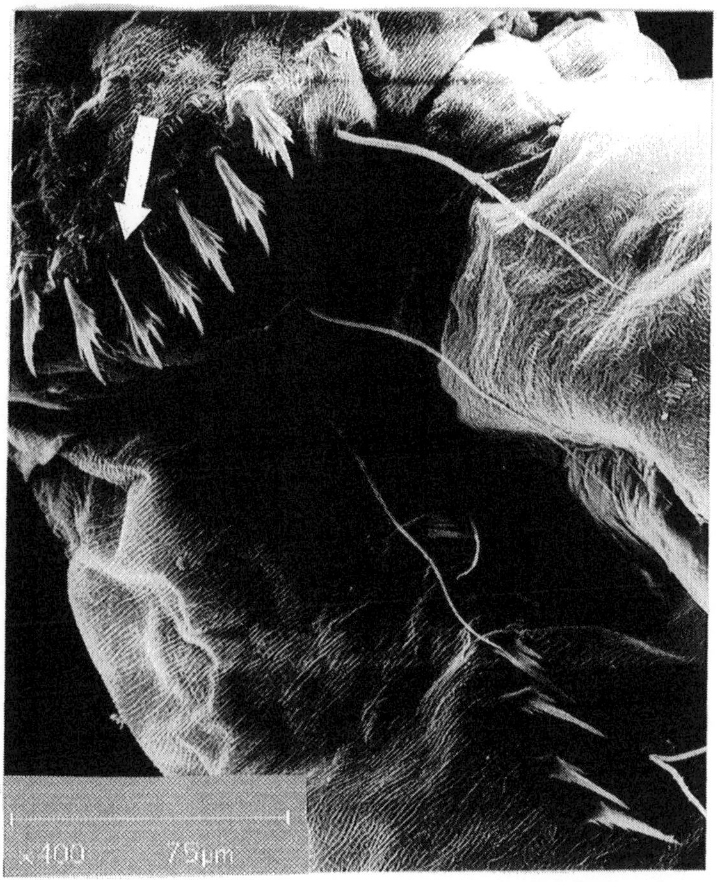

ABB. 22: Ausdifferenzierung der Kammschuppen beim 2. Larvenstadium (Pfeil oben).

ABB. 23: Ausdifferenzierung der Kammschuppen beim 4. Larvenstadium (Ausschnitt).

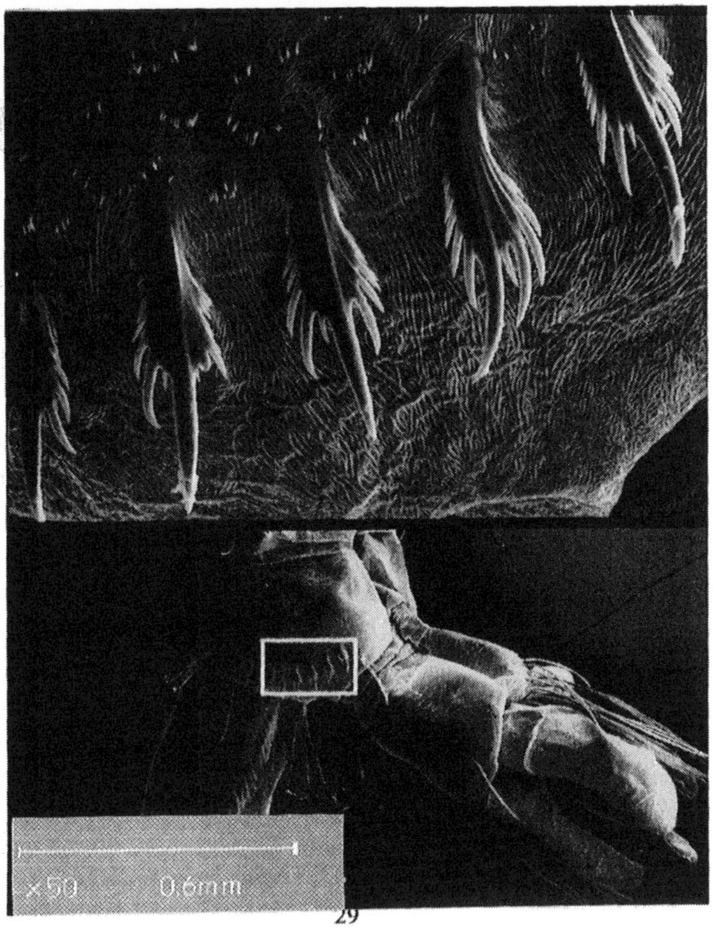

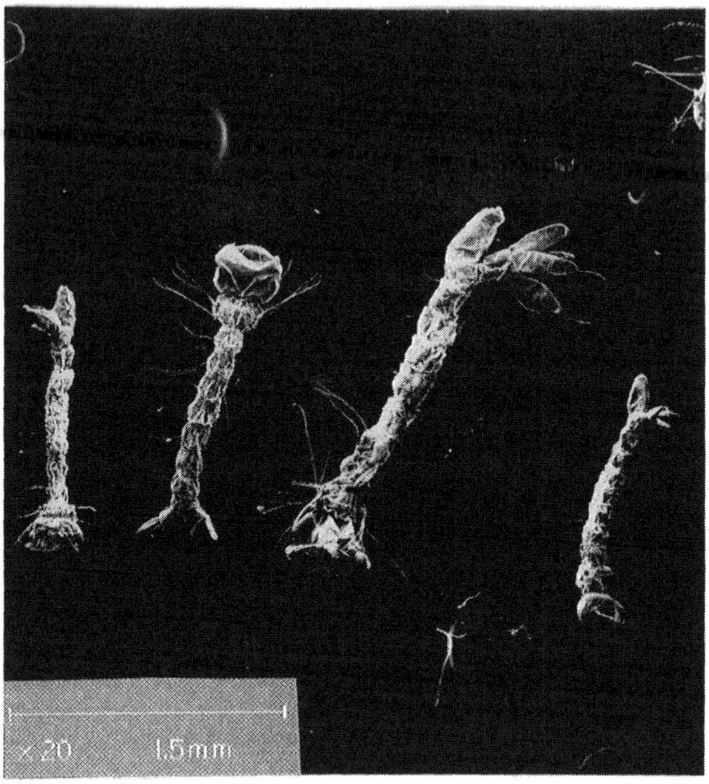

ABB. 24: Größenvergleich der Stadien 1, 2 und 3 von *Aedes aegypti.*

ABB. 25: Siphon von *Aedes aegypti,* 4. Larvenstadium.

ABB. 26: Siphon von *Culex* sp..

ABB. 27: Antenne von *Aedes aegypti* (4. Larvenstadium).

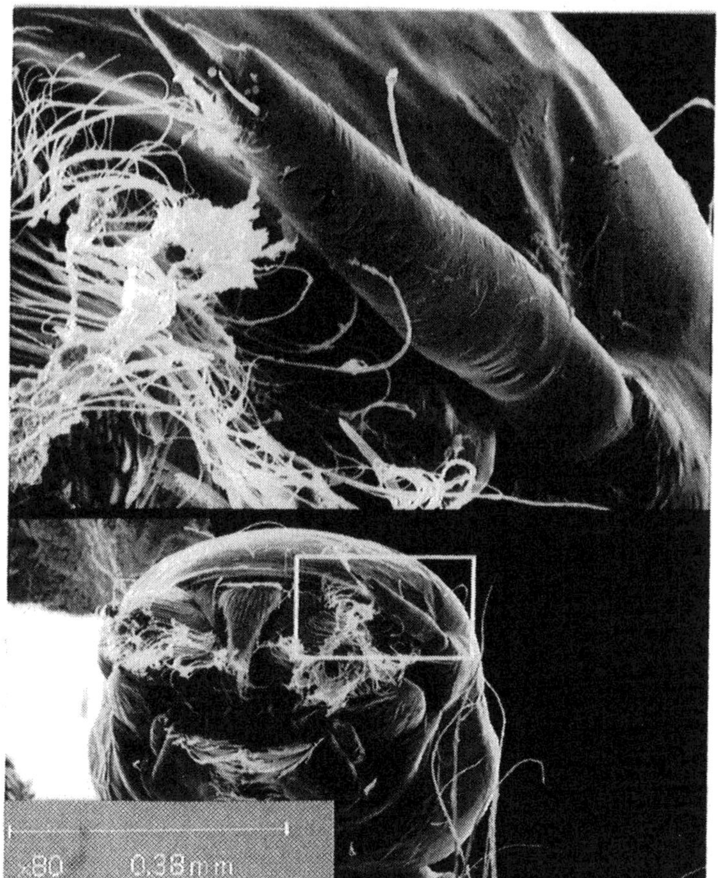

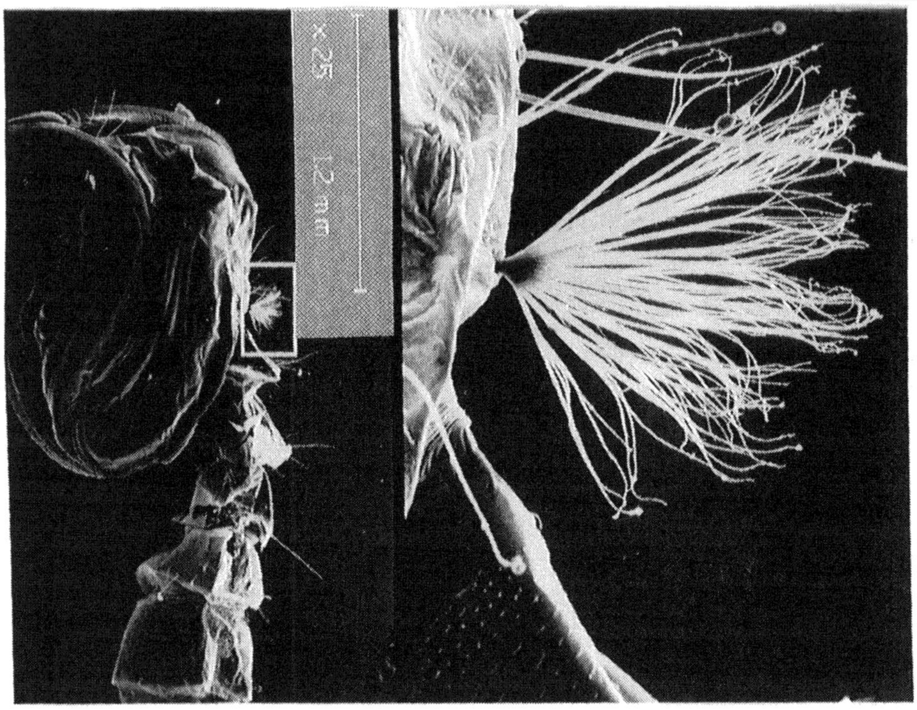

ABB. 28: Puppe von *Aedes aegypti* (oben: Detail, unten: Übersicht).

2. Bewertung der costarikanischen Copepodenfauna für die Kontrolle von *Aedes aegypti*

2.1. Auswahl eines effizienten Predatoren

EINFÜHRUNG

Gegen Denguefieber gibt es bisher keine effektive Prophylaxe, daher konzentriert man sich in den betroffenen Ländern auf die Bekämpfung der Stechmücken. Allerdings ist die Vektorkontrolle durch Ausbringung von Insektiziden, wie sie meistens praktiziert wird problematisch, da die Chemikalien die Umwelt schädigen können, die Mücken gegen die Wirkstoffe nach einigen Anwendungen resistent werden (BREAKLEY *ET AL.* 1984) und der hohe Preis vieler Produkte nicht von allen Ländern bezahlt werden kann.

Die biologische Kontrolle kann eine Alternative oder zumindest eine Ergänzung zu den bestehenden Methoden sein. So sind auch verschiedene Tiere bereits erfolgreich zur Bekämpfung von Mücken benutzt worden. Der Moskitofisch *Gambusia affinis* Girard und andere Fische sind sehr häufig in Seen, Bewässerungssystemen und anderen großen Gewässern angewendet worden um *Anopheles* und *Culex*-Larven zu bekämpfen (BELLINI *ET AL.* 1994, COATES 1984, KEHAR *ET AL.* 1995). Eine Anwendung von Fischen kommt jedoch bei der Denguefieber-Bekämpfung nicht in Frage, da die *Aedes*-Mücken kleinere Habitate bevorzugen. Es gab jedoch Versuche mit Larven der räuberischen Mückengattung *Toxorhynchites*, der in der Lage waren, die *Aedes*-Larven in kleinen Gewässern wie Phytothelmata (z.B. Bromelien, Bambusinternodien) zu kontrollieren (FOCKS & SACKET 1985). ANNIS *ET AL.* (1989) befanden jedoch, daß die Kontrolle durch *Toxorhynchites splendens* nicht effektiv genug sei.

In den letzten Jahren wurden einige Beobachtungen über das räuberische Verhalten von Copepoden gemacht. KAY *ET AL.* (1992) haben australische *Mesocyclops*-Arten hinsichtlich ihrer Verwendbarkeit zur Moskitokontrolle bewertet. MARTEN *ET AL.* (1994a, b) beobachteten, daß *Mesocyclops longisteus* Thiébaud und *Macrocyclops albidus* Jurine die Population von *Aedes*-Larven zu 99% reduzieren konnten. Außerdem waren die Ruderfußkrebse in der Lage, in alten Autoreifen zu überleben, die ein typisches Habitat für *Aedes aegypti* und *Aedes albopictus* sind. Daß Copepoden sich von Dipteren-Larven ernähren, ist schon seit längerer Zeit bekannt (FRYER 1957), die Bedeutung der Tiere wurde jedoch erst 1976 erkannt, als *Mesocyclops leucarti (=aspericornis)* unbeabsichtigt in eine Eiablagefalle gelangt ist, die einige Forscher mit Bachwasser gefüllt haben.

Die Fallen mit den Ruderfußkrebsen enthielt 81-92 % weniger *Aedes*-Larven (RIVIÉRE & THIREL 1981). Außerdem sind einige Copepodenarten Wirte für *Coleomyces*-Pilze, die an Mückenlarven parasitieren (PILLAI *ET AL.* 1976).

Die Vermehrung von Copepoden ist einfach und billig (SUÁREZ *ET AL.* 1992), aus diesem Grund könnte die Verwendung dieser Tiere von großem Nutzen für Entwicklungsländer sein, die stark von Krankheiten betroffen sind, die von Mücken übertragen werden. Da diese Crustaceen sehr lange in Mückenhabitaten überleben können, können diese Tiere für langfristige Präventivmaßnahmen verwendet werden, die die Entwicklung der Mückenlarven verhindern und somit Kosten einsparen, die sonst für Insektizide ausgeben werden.

COLLADO *ET AL.* (1984) haben die Art *Mesocyclops thermocyclopoides* Harada (Copepoda: Cyclopidae) in Costa Rica nachgewiesen. Dieser Copepode wurde von MARTEN *ET AL.* (1994 b) bewertet und zeigte Predationsraten von etwa 30 Larven in 24 h. Für Vektorkontrollmaßnahmen wurde diese Art dort jedoch nicht verwendet, da andere Arten (*Mesocyclops longisentus* und *Macrocyclops albidus*) erfolgreicher waren. *Mesocyclops longisetus* wurde bisher jedoch nicht in Costa Rica nachgewiesen und *Macrocyclops albidus* toleriert nur eingeschränkt die hohen Temperaturen, wie sie in tropischen Gewässern vorherrschen. In Vietnam wurde *Mesocyclops thermocyclopoides* in Kombination mit weiteren Arten verwendet (NAM *ET AL.* 1997). *Mesocyclops thermocyclopoides* ist daher von großem Interesse, da es die bisher einzige nachgewiesene *Mesocyclops*-Art in Costa Rica ist. Nichtsdestotrotz sollte unbedingt überprüft werden, ob sich in Costa Rica noch weitere Arten finden, die als Predatoren der Mückenlarven in Fragen kommen. Um kein bestehendes natürliches Gleichgewicht zu stören, muß eine potentiell einsetzbare Art zusätzlich eine weite, natürliche Verbreitung in dem Land haben, um zu verhindern, daß eine fremde Art in ein bestehendes Ökosystem eingeführt wird. Die erfolgreichste Art muß zudem unter unterschiedlichen Bedingungen getestet werden, um ihre Effizienz unter Beweis zu stellen.

An dieser Stelle soll die Suche nach Copepoden, die Isolierung eines möglichen Predatoren und dessen Überlebensfähigkeit in verschiedenen Behältern beschrieben werden.

1. Sammeln und Bestimmen von Ruderfußkrebsen

Copepoden wurden an verschiedenen Stellen Costa Ricas gesammelt. Die abgesuchten Gewässer waren Stauseen, Teiche, Fischfarmen, Regenwassertümpel und abgestandenes Wasser am Rand von Flüssen. Die Tiere wurden mit einem Planktonnetz (100 µm Maschengröße) gekeschert und in Behälter pipettiert, in denen sie ins Labor transportiert wurden, damit sie dort gezüchtet werden konnten.

Sobald sich die Tiere vermehrt haben, wurden einzelne Exemplare in 70 % Alkohol überführt. In diesem entwässerten sie mindestens zwei Tage lang. Anschließend konnten sie unter einem Binokular bei ca. 100x Vergrößerung präpariert werden, wie es für die taxonomische Einordnung notwendig war. Dazu wurde der Abdomen hinter dem 4. Beinpaar abgetrennt. Außerdem wurden mit angeschliffenen Akkupukturnadeln die einzelnen Beinpaare vom Körper getrennt. Besonders das stark reduzierte 5. Beinpaar, das am Abdomen verbleibt, das Receptaculum seminis und das 4. Beinpaar mit seiner Basalplatte sind von besonderer Bedeutung für die Bestimmung der Copepoden. COLLADO *ET AL.* (1984), PETROVSKI (1986) und REID (1985) wurden für die Identifizierung der Tiere verwendet.

2. Haltung und Zucht von Copepoden

Die Methode von SUÁREZ *ET AL.* (1992) wurde benutzt, um die gesammelten Krebse zu vermehren. Dabei wurde ein einzelnes Weibchen mit Eiern in eine Kulturlösung mit Pantoffeltierchen (*Paramecium* sp.) gesetzt. Zu Beginn wurden Gefäße mit 75 ml Inhalt verwendet. Sobald sich die Tiere vermehrt hatten, wurden sie in 2 l Behälter umgesetzt. Jede Woche wurde etwas Salat in die Gefäße gegeben. Dieser wurde durch Bakterienaktivität zersetzt. Die sich vermehrenden Bakterien dienten den Pantoffeltierchen als Nahrung, so daß diese sich vermehren konnten. Auf diese Weise hatten die Copepoden stets ausreichend Nahrung. Die Temperatur lag zwischen 22 und 26 °C, bei einer Photoperiode von 12 h, die dem natürlichen Lichtrhythmus in Costa Rica entspricht.

3. Haltung und Zucht von *Aedes aegypti*

Um die Fähigkeit der Copepoden, Moskitolarven zu kontrollieren, zu testen, war es nötig in ausreichenden Mengen Mücken zu züchten. Dazu wurden Larven von *Aedes aegypti* gesammelt. Um die Gefahr einer Infektion auszuschließen, wurden die Tiere an einem Ort gesammelt, an dem bisher keine Denguefieber- oder Gelbfieber- Epidemien aufgetreten sind (Heredia).

Als Futter der Larven dienten Katzenfutter-Pellets. Sobald sie das Puppenstadium erreichten, wurden sie in eine Schale innerhalb eines geschlossenen Aquariums (40 x 30 x 30 cm) gesetzt. Dort konnten sie sich zum adulten Tier entwickeln. Die ausgewachsenen Mücken wurden mit einem Wattebausch mit gesättigter Zuckerlösung gefüttert, obwohl SCOTT *ET AL.* (1997) beobachteten, daß *Aedes aegypti* sich dann am besten fortpflanzen kann, wenn die Weibchen sich ausschließlich von Blut ernähren. Dreimal pro Woche wurden die Tiere mit menschlichem Blut versorgt, damit die befruchteten Weibchen in der Lage waren Eier zu produzieren. Die Eier wurden in eine schwarze Schale mit Leitungswasser abgelegt. Für die Predationsversuche wurden die Eier entnommen und in anderen Gefäßen hydriert, bis die Larven ausschlüpften. Ansonsten wurden die Eier trocken aufbewahrt.

4. Predationsexperimente

4.1. Bestimmung der Copepodenart mit der höchsten Tötungsrate

Einzelne Individuen der verschiedenen Copepodenarten aus den Kulturbehältern wurden in Gläser mit 50 ml Wasser (chlorfrei) gesetzt, nachdem sie vorher 24 h gehungert haben. Das Leitungswasser wurde entchlort, indem es mindestens einen Tag offen abstehen konnte. Dann wurden ihnen 10 Larven (1. Stadium) *Aedes aegypti* angeboten. Nach 24 h wurden die überlebenden Larven gezählt. Bei jeder Copepodenart wurden 10 Wiederholungen durchgeführt. Die Temperatur lag zwischen 22 und 26 °C.

4.2. Auswirkungen der Predation auf die adulten Moskitos

Um die Auswirkungen der Predation auf die Population der adulten Mücken beobachten zu können, wurden zwei Käfige (1 x 1 x 1 m) aufgebaut, in denen sich je ein 4 l Behälter aus Plastik befand, der den Larven als Habitat diente. Die Larven wurden mit Pellets gefüttert, während die ausgewachsenen Tiere mit Zuckerwasser ernährt wurden. Einmal pro Woche wurde den Mücken menschliches Blut angeboten.

In jedem Käfig wurden 40 Larven (3. Stadium) in die Behälter gesetzt. Der Behälter eines Käfigs wurden mit 40 Copepoden behandelt, der andere Käfig diente als Kontrolle.
Einmal wöchentlich fand eine Auszählung der Population der Larven, Adulten und Copepoden statt. Die Temperatur lag zwischen 24 und 30 °C.

ERGEBNISSE

---

1. Sammeln und Bestimmen von Copepoden

Die in Tabelle 1 dargestellten Arten wurden bei verschiedenen Exkursionen in Costa Rica gefunden.

DATUM	ORT	HABITAT	COPEPODENART
04.09.96	Guapiles, Limón	Teich zur Fischzucht	*Mesocyclops thermocyclopoides* Harada
09.-12.09.96	ACG *, Guanacaste	Tümpel	*Megacyclops* sp.
		4 Bäche	*Mesocyclops* sp.
25.09.96	Guapiles, Limón	Teich zur Fischzucht	*Mesocyclops thermocyclopoides*, *Arctodiaptomus dorsalis* Marsh
06.10.96	Santa Elena,Cartago	See	*Arctodiaptomus dorsalis*, *Thermocyclops dicipiens* Kiefer
08.10.96	Arenal (Pto San Luis), Guanacaste	Stausee	*Microcyclops dubitabilis* Kiefer, *Mesocyclops thermocyclopoides*, *Macrocyclpos albidus* Jurine(?)
22.10-24.10.96	ACG *, Guanacaste	5 Tümpel	*Megacyclops sp.*
24.10.96	Cañas, Guanacaste	Teich	*Mesocyclops thermocyclopoides*
24.10.96	Arenal (La Fortuna), Alajuela	Stausee	*Microcyclops dubitabilis*
12.11.96	La Sabana, San José	künstlicher See, Betonboden	*Arctodiaptomus dorsalis*, *Mesocyclops thermocyclopoides*
	La Paz Park, San José	künstlicher Tümpel	*Mesocyclops thermocyclopoides*
24.12.96	Rio Corobici, Guanacaste	Fluß	*Arctodiaptomus dorsalis*
18.01.97	Grecia, Alajuela	Teich	*Microcyclops dubitabilis*
25.01.97	Cachí, Cartago	Stausee	*Mesocyclops thermocyclopoides*
23.02.97	El Camún, Cartago	Teich zur Fischzucht	*Eucyclops leptacanthus* Kiefer
23.02.97	El Empalme, Cartago	Teich zur Fischzucht	*Eucyclops leptacanthus*

TABELLE 1: In Costa Rica gefundene Ruderfußkrebsarten.

* ACG: Area de Conservación Guanacaste

? Bestimmung unsicher

2. Haltung und Zucht

Alle Arten, mit Ausnahme von *Arctodiaptomus dorsalis,* konnten sich unter den beschriebenen Bedingungen fortpflanzen. In der Regel wurden etwa alle zwei Wochen von den Weibchen neue Eierpakete produziert. Bei *Mesocyclops thermocyclopoides* wurden zwischen 39 und 70 Eier bei einzelnen Tieren gezählt.

3. Haltung und Zucht von *Aedes aegypti*

Aedes aegypti pflanzte sich ohne Schwierigkeiten unter den angegebenen Bedingungen fort. Die Weibchen legten (pro Tier und Blutmahlzeit) zwischen 30 und 100 Eiern. Die Ernährung der Tiere mit herkömmlichem Zucker scheint jedoch zu einseitig zu sein, da in vielen Fällen die Weibchen ihre Blutmahlzeit resorbierten und keine Eier legten. Eine Ernährung mit Fruchtsaft (höherer Vitamingehalt, Fruchtzucker und andere Nährstoffe) könnte hier vorteilhafter sein.

4. Predationsexperimente

4.1. Bestimmung der Copepodenart mit der höchsten Tötungsrate

Die in Tabelle 2 genannten Arten sind auf ihr räuberisches Verhalten gegenüber Mückenlarven untersucht worden. Die Art *Microcyclops dubitabils* wurde als zu klein befunden, um Moskitos töten zu können und wurde deshalb nicht in den Experimenten berücksichtigt.

Mesocyclops thermocyclopoides war der erfolgreichste Räuber. In den Gläsern mit dieser Art überlebten im Durchschnitt nur 2.7 *Aedes*-Larven. Die anderen Arten reduzierten die Larven nicht signifikant, da die Anzahl überlebender Tiere nahezu mit der Kontrolle übereinstimmte. Deswegen wurden sie für weitere Versuche nicht berücksichtigt.

Es wird vermutet, daß die Predation von *Mesocyclops thermocyclopoides* sogar noch höher wird, wenn die Tiere aus Freilandkulturen entnommen werden. Diese Zuchten enthalten aufgrund der stärkeren Sonnenexposition größere Mengen an einzelligen Algen, die eine wichtige Nahrungsquelle für die Copepoden sind, als die Laborkulturen. Die Tiere aus solchen Kulturen sind deutlich größer (ca. 0.1 mm).

COPEPODENART	ÜBERLEBENDE AEDES (COPEPODEN)	ÜBERLEBENDE AEDES (KONTROLLE)	
Mesocyclops thermocyclopoides	2.7 (1.34)	9.7 (0.49)	(n=10)
Thermocyclops decipens	8.7 (1.25)	9.3 (0.67)	(n=10)
Arctodiaptomus dorsalis	9.3 (0.82)	9.3 (0.95)	(n=10)
Eucyclops leptacanthus	7.7 (0.67)	9.0 (0.82)	(n=10)
Eucyclops cf *bondi*	9.0 (0.8)	9.0 (0.8)	(n=10)
Megacyclops sp.	6.3 (3.3)	9.2 (0.79)	(n=10)

TABELLE 2: Predation der costarikanischen Copepoden. In Klammern hinter den Mittelwerten befindet sich die Standardabweichung.

4.2. Auswirkungen der Predation auf die adulten Moskitos

Der Verlauf des Experimentes in der Kontrolle zeigt in den ersten beiden Wochen eine geringe Mortalität unter den *Aedes*-Larven. Nach 3 Wochen nimmt die Zahl der Larven ab, weil sie in das Puppenstadium übergehen. Nach einer weiteren Woche ist die Metamorphose bei allen Tieren abgeschlossen, allerdings wurden aus 25 Puppen nur 13 adulte Tiere. Schon nach einer Woche haben die Adulten Nachwuchs erzeugt. Zu diesem Zeitpunkt konnten 94 Larven gezählt werden. Nach 7 Wochen befanden sich 118 Larven und 34 Puppen in dem Behälter. Die Population der adulten *Aedes* hat sich auf 40 Tiere erhöht.

In dem mit Copepoden behandelten Behälter war die Zahl der überlebenden Larven nach einer Woche etwas geringer (32 im Vergleich zu 39 in der Kontrolle). Einzelne Individuen erreichten das adulte Stadium 2 Wochen früher als in der Kontrolle. Ebenso ist die Zahl der geschlüpften Mücken nach 4 Wochen größer als in der Kontrolle. Die Nachkommen dieser Tiere überleben in den mit *Mesocyclops thermocyclopoides* behandelten Behältern deutlich schlechter. Nach 5 Wochen findet sich nur 1 überlebende Larve (Kontrolle: 94), nach 6 Wochen keine einzige mehr (Kontrolle:118). Die Population der adulten Mücken geht ebenfalls zurück. Nach 7 Wochen haben nur 2 Tiere überlebt, die allesamt aus den Larven stammen, die zu Beginn des Experimentes eingesetzt wurden und zu groß waren, um von den Krebsen getötet zu werden. Da diese Tiere jedoch nach einigen Wochen sterben und der Nachwuchs aus der Larvenpopulation ausbleibt, kollabiert die Population der adulten Tiere am Ende des Experimentes (Abb. 29).

Die Art *Mesocyclops thermocclopoides* war, wie erwartet, der erfolgreichste Predator. Bei der verwendeten Dichte tötete ein Individuum 7 *Aedes aegypti*-Larven pro Tag. Der in anderen Ländern Mittelamerikas gefundene Copepode *Mesocyclops longisetus* konnte bisher in Costa Rica nicht gefunden werden, so daß diese deutlich gefrässigere Art hier nicht verwendet werden konnte.

Die Copepoden fressen nur die frühen Larvenstadien, so daß größere Larven und Puppen die Bejagung überleben und sich zum adulten Tier entwickeln können. Aus diesem Grund dauert es fast 2 Monate, bis sich eine Eliminierung der adulten Stechmücken einstellt. Ähnliches wurde von KAY *ET AL.* (1992) beobachtet. Wenn sich jedoch die Copepoden bereits in dem Eiablagegefäß befinden, bevor die Mücken die Eier legen, beträgt die Reduktion 100 %. Bei der Anwendung der Ruderfußkrebse muß es daher darauf ankommen, die Tiere unmittelbar nach dem Beginn der Regenzeit in potentielle Eiablagebehälter auszubringen, bevor sich eine große Stechmückenpopulation entwickeln kann. Außerdem müßte man die Kombination der Copepoden mit anderen Kontrollmaßnahmen in Erwägung ziehen. Der eindeutige Vorteil der Crustaceen ist eindeutig die lange Wirksamkeit, da die Tiere im vorliegenden Versuch über 2 Monate lang alle ausschlüpfenden Larven getötet haben und so für eine nachhaltige Reduktion der Population gesorgt haben. RIVIÉRE (1985) beobachtete daß Copepoden außerdem den Vorteil haben, daß die nicht nur eine dauerhafte Reduktion der Larven erreichen, sondern sich auch dadurch charakterisieren, daß sich kein Räuber-Beute-Gleichgewicht einstellt.

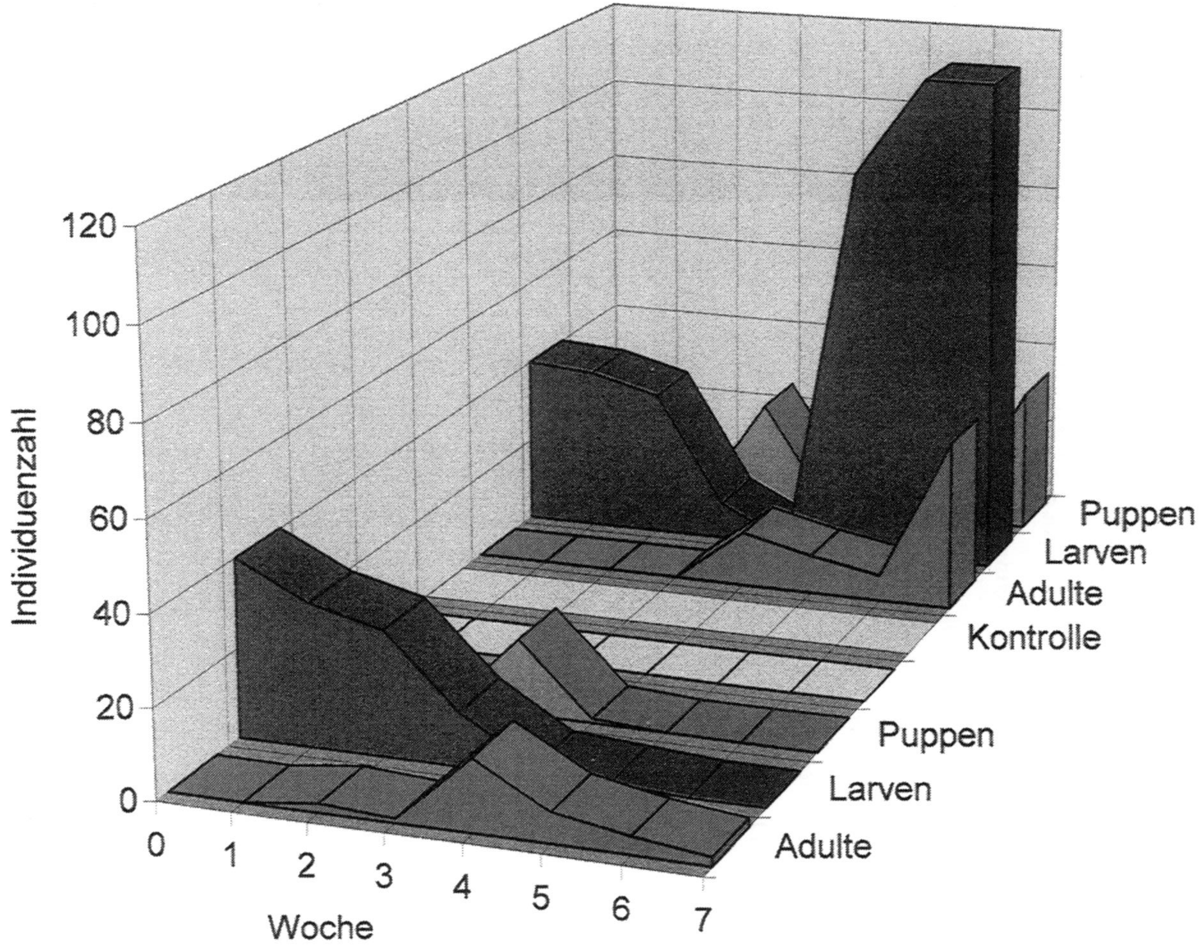

ABB. 29: Auswirkungen der Predation auf die Population von Larven, Puppen und Adulten: *Aedes aegpti.*

2.2. Überleben von *Mesocyclops thermocyclopoides* in typischen Mückenhabitaten

EINFÜHRUNG

Stechmückenlarven können in fast jeder Wasseransammlung aufwachsen. Man findet sie in großen Gewässern (Seen, Teiche, etc) ebenso wie in Phytothelmen (z.B. Bromelien,Bambus, Heliconienblüten, Kakaoschalen, etc.), wobei allerdings die meisten Arten bestimmte Präferenzen für bestimmte Biotope zeigen. Die hier besonders berücksichtigte Art *Aedes aegypti* findet sich meist in kleinen und kleinsten Wasseransammlungen (z.B. in alten Autoreifen, Plastikgefäßen, Wassertanks, (MARTEN *ET AL.* 1994b)). In einigen Fällen weicht *Aedes aegypti* auf natürliche Behälter aus, wie Phytothelmen, Pfützen und Felstümpel (CHADEE *ET AL.* 1998).

In großen Gewässern wie Seen, Tümpeln und Teichen können Copepoden meist ohne Probleme überleben, da diese nicht oder nur selten austrocknen und sie hier meist auf natürliche Weise vorkommen. Dagegen sind kleine Wasseransammlungen problematischer. In der Nähe menschlicher Siedlungen finden sich, besonders in den Entwicklungsländern große Mengen gebrauchter Autoreifen und anderer Abfall, in dem sich Regenwasser ansammelt und somit ein ideales Habitat für Mückenlarven bildet. In den ländlichen Regionen der Tropen finden sich zahlreiche Bromelien und andere Phytothelmen, in denen sich ebenfalls die Larven einiger Krankheitsüberträger entwickeln. Copepoden, die als biologische Kontrollmaßnahme verwendet werden sollen, müssen daher in der Lage sein, in den beschriebenen Kleingewässern zu überleben.

Die folgenden Versuche sollten die Überlebensfähigkeit von *Mesocyclops thermocyclopoides* in Bromelien und Autoreifen testen.

MATERIAL UND METHODEN

16 Bromelien der Gattung *Aechmea* wurden am Hang des Barva-Vulkans in Heredia, Costa Rica gesammelt. Sie wurden mit Draht an einer Wand befestigt und künstlich beschattet. Die Befestigung war so konstruiert, daß jede Pflanze einzeln und ohne großen Aufwand herausgenommen werden konnte. 1-2 mal pro Woche wurden die Pflanzen begossen.

Nachdem die Pflanzen 2 Wochen lang akklimatisierten, wurden in jedes Exemplar 10 Copepoden der Art *Mesocyclops thermocyclopoides* gesetzt.

Jede Woche wurde jede einzelne Bromelie aus ihrer Halterung genommen und das Wasser in den Blattachseln in eine Plastikwanne gegossen. Größere Partikel, wie tote Blätter, wurden aus dem Wasser entfernt und wieder in die Pflanze gegeben. Die überlebenden Copepoden konnten gezählt werden, indem die Flüssigkeit in ein Glas gegeben und im Gegenlicht betrachtet wurde. Der Versuch wurde 10 Wochen lang beobachtet.

5 alte Autoreifen, mit chlorfreiem Wasser gefüllt, wurden 9 Wochen lang beobachtet. In den Reifen befanden sich zu Versuchsbeginn 10 Copepoden. Jede Woche wurden die überlebenden Copepoden ausgezählt. Mit einem Becher wurde das Wasser aus den Reifen geschöpft und mit einem groben Sieb von größeren Partikeln befreit. Dann wurde die Flüssigkeit durch ein feines Planktonnetz (100 µm Maschenweite) gegeben, um die Ruderfußkrebse zu isolieren. Im Gegenlicht wurden die Tiere ausgezählt.

ERGEBNISSE UND DISKUSSION

Die Copepoden konnten in der Hälfte der Bromelien überleben, wenn diese ein Fassungsvolumen von mindestens 100 ml hatten. Wenn das Volumen geringer war, konnten die Tiere nur in 2 Fällen länger als 6 Wochen überleben. Dies ist wahrscheinlich darauf zurückzuführen, daß Pflanzen mit einem geringen Volumen leichter austrocknen. Interessant zu beobachten war, daß sich die Copepoden in den Bromelien auch erfolgreich fortpflanzen konnten, weil in 3 Pflanzen Weibchen mit Eipaketen oder Nauplien gesehen wurden (Tabelle 3).

Auch in den Autoreifen konnten die Tiere überleben. In Reifen 3 konnte nach dem Eisetzen der Ruderfußkrebse 7 Wochen lang kein Individuum beobachtet werden. Entweder wurden die Tiere übersehen, oder sie überlebten nicht. Es ist möglich, daß von den anderen Reifen bei der Untersuchung versehentlich ein oder mehrere Tiere in den unbewohnten Reifen eingeschleppt wurden und sich anschließend dort vermehrten, so daß nach 8 Wochen dort plötzlich wieder Tiere gezählt werden konnten (Tabelle 4).

Insgesamt liegen die Ergebnisse innerhalb dessen, was erwartet wurde. MARTEN *ET AL.* (1994b) beobachtete, daß *Mesocyclops thermocyclopoides* mehr als 30 Wochen lang in Fässern überleben konnte. Andere *Mesocyclops* und *Macrocyclops*-Arten konnten ebenfalls über mehrere Monate hinweg in Autoreifen überleben (MARTEN 1990, MARTEN *ET AL.* 1994, BROWN *ET AL.* 1996).

Pflanze Nr.	Volumen (ml)	Woche 1	2	3	4	5	6	7	8	9
1	138	4	3	3	0*	2	0	0*	0	0
2	140	3	3	2	0*	0	0	0*	0	0
3	162	3	3	2	1	1	3	1	0	0
4	176	5	3	3	1	1	1	0*	0	0
5	160	6	3	2	0*	4	5	9	6	9
6	82	4	3	2	2	5	2	1	-	-
7	160	5	3	5	3	6	6	20+	8 +	4
8	104	3	1	2	0*	0	2	10	10+	2
9	20	2	0*	0	0*	0	0	3	2	0
10	100	4	5	6	2	5	5	8+	10+	10 +
11	162	4	1	3	2	2	2	3	3	6
12	17	2	1	2	0	0	0	8	0	0
13	15	0*	0	0	0	0	0	0	0	0
14	12	2	0	0	0	0	0	0	0	0
15	15	0*	0	0	0	0	0	0	0	0
16	12	0*	0	0	0	0	0	0	0	0

TABELLE 3: In den Bromelien gefundene Copepoden in einem 9 Wochen dauernden Experiment.

* Pflanze trocknete aus

\+ Weibchen mit Eiern oder Nauplien wurde gesehen

\- Pflanze starb

Woche:	1	2	3	4	5	6	7	8	9
Reifen 1	3	6	9	7	30	17	29	25	15
2	10	8	4	15	22	15	9	24	19
3	0	0	0	0	0	0	0	5	7
4	8	8	7	3	4	4	4	3	3
5	8	10	20	23	17	15	8	10	5

TABELLE 4: Überleben von *Mesocyclops thermocyclopoides* in gebrauchten Autoreifen.

3. Morphologische Beschreibung und Biologie von *Mesocyclops thermocyclopoides*

EINFÜHRUNG

Die Cyclopidae, zu denen auch *Mesocylops thermocyclopoides* gehört, schlüpfen nach ca. 2 Tagen (bei 25°C) aus den Eiern, die das Weibchen in 2 Säcken mit sich trägt. Die Gattung ist nahe mit der Gattung *Thermocyclops* verwandt (HOLYSKI & FIERS 1994).

Nach dieser postembryonalen Phase durchläuft das Tier 6 verschiedene Nauplius-Stadien, die sich vor allem durch die unterschiedliche Differenzierung der Borsten am Körperende und der Maxillula voneinander unterscheiden. Nach dem 6. Nauplius-Stadium folgt die Copepodit-Phase. Hier ist bereits die Furca zu sehen, außerdem gliedert sich der Körper des Tieres nun klar in einen breiten Vorderkörper und eine schmalere Abdominalregion. Außerdem sind die larvalen Gliedmaßen des Nauplius (Antenula, Antena und Madibula) morphologisch verändert worden, außerdem finden sich beim Copepoditen zusätzlich Maxilula, Maxilla, Maxiliped und 2 Beinpaare.

Nach 5 weiteren Häutungen wird das Tier geschlechtsreif. Im Zuge der Entwicklung des Copepoditen erhöht sich die Zahl der Abdominalsegmente von 2 auf 4. Bei der Reifehäutung verschmelzen beim Weibchen 1. und 2. Abdominalsegment miteinander, so daß ein sehr großes 1. Segment entsteht. Gleichzeitig wird vom letzten Abdominalglied das Analsegment abgegliedert, so daß die Anzahl der Segmente insgesamt gleichbleibt. Beim Männchen kommt es zu keiner Verschmelzung wie beim Weibchen. Hier wird lediglich das Analsegment abgegliedert, so daß sich die Anzahl der Abdominalglieder auf 5 erhöht.

Die Lebensdauer eines Copepoden beträgt im Labor 6-12 Monate, aus dem Freiland liegen keine Erfahrungen vor (KIEFER & FRYER 1979). Nach eigenen Beobachtungen kann *Mesocyclops thermocyclopoides* alle 8 Tage neue Eipakete produzieren, die im Durchschnitt 50 Eier enthalten. Die schlüpfenden Tiere benötigen etwa 18-20 Tage bis zur Geschlechtsreife.

Die Taxonomie ist an dieser Stelle ebenfalls von großer Bedeutung, um bei der Anwendung einer biologischen Kontrollmaßnahme zu vermeiden, daß eine fremde Art in ein Ökosystem eingeführt wird. Die natürliche Verbreitung der verwendeten Art in einer bestimmten Region muß aus dem gleichen Grund bekannt sein. COLLADO *ET AL.* (1984) beschrieben die

Verbreitung einiger Copepoden-Arten in Costa Rica, unter anderem auch von *Mesocyclops thermocyclopoides* und zeigen Belegzeichnungen.

Um die taxonomisch relevanten Strukturen wie das P4, P5, die Mundwerkzeuge, die Furca, etc., detailliert darstellen zu können, wurde dieser Ruderfußkrebs elektronen- und lichtmikroskopisch untersucht.

MATERIAL UND METHODEN

Lichtmikroskopie

Zur Bestimmung mußten mehrere Exemplare präpariert werden. Dabei handelte es sich ausschließlich um reife Weibchen (mit Eipaketen). Die Tiere entwässerten vor der Präparation mindestens 2 Tage in 75 % Alkohol. In Glycerin überführt, konnten die Copepoden auf einem Objektträger mit Hilfe eines Binokulares präpariert werden. Mit sehr feinen Nadeln (Akkupunkturnadeln), die zusätzlich geschliffen wurden, konnte der Abdomen abgetrennt werden, damit das stark reduzierte und am Abdomen verbleibende 5. Beinpaar sichtbar wurde. Dieses Beinpaar ist von besonderer taxonomischer Bedeutung. Die übrigen Beine mußten ebenfalls vom Cephalothorax abgetrennt werden.

Elektronenmikroskopie

Die Copepoden wurden ohne besondere Präparation mit 5 % Glutaraldehyd fixiert, nach einem Tag mit 0.1 M Phosphatpuffer 10 Minuten lang gewaschen und mit 1 % OsO_4 (1h) nachfixiert. Danach wurde die Probe in Alkohol (30-100 %, jeweils 10 Minuten) dehydriert, in einem Kritischen-Punkt-Trockner behandelt, auf Aluminumsockeln montiert und mit 10 nm Gold beschichtet. Das fertige Präparat wurde unter einem Hitachi S-570 Elektronenmikroskop betrachtet.

ERGEBNISSE

Es zeigte sich bei der Elektronenmikroskopie, daß es nicht erforderlich war, die Tiere zu zerteilen um P4 und P5 sehen zu können. Auch die Mundwerkzeuge konnten erstaunlich gut gesehen werden.

Die Form des P5 identifizierte die verwendeten Tiere eindeutig als zur Gattung *Mesocyclops* gehörig: P5 ist zweigliedrig, der Dorn am Endglied ist stachelförmig, lang und inseriert am Innenrand des Gliedes (Abb. 30). Die Basalplatte des P4 mit der dazugehörigen Borste identifiziert ebenfalls diese Gattung (Abb. 31). Für *Mesocyclops* charakteristisch ist ebenfalls die Form des Endopoditen von P4 (Abb. 32).

Die Furca weist bei *Mesocyclops thermocyclopoides* als einzigem Mitglied der Gattung *Mesocyclops* keinen Innensaum mit feinen Borsten auf, was in Abb. 33 zu sehen ist. Andere Charakteristika wie das *Receptaculum seminis* und die hyaline Membran an der Antenula sind dagegen nur lichtmikroskopisch zu sehen.

Charakteristisch ist ebenfalls die Form der Maxillula und der Maxilla dieses Crustaceen. (Abb. 34). Die Verschmelzung der Abdominalsegmente ist in Abb. 35 zu sehen. Bei einem Copepoditen ist dagegen die noch fehlende Differenzierung des Abdomens zu sehen (Abb. 36). Abb. 37 zeigt die Antenula, deren 18 Segmente deutlich zu sehen sind. Abb. 38 zeigt eine Totalaufnahme eines Weibchens mit Eiern.

Diese Copepoden-Art ist in Costa Rica sehr weit verbreitet. Sie findet sich in Guanacaste (Santa Rosa, Cañas), Limón (Limón, Guapiles) und dem Zentraltal (San José). Sie findet sich in sehr unterschiedlichen Habitaten wie temporären Tümpeln, Stauseen und Fischteichen. Im Gegensatz zu anderen Arten scheint *Mesocyclops thermocyclopoides* keine austrocknungsresistenten Eier zu produzieren (pers. Beob.).

Typische Erscheinung von Mesocyclops thermocyclopoides:

Fundort:	San José, Parque La Paz
Geschlecht:	weiblich
Länge (Ohne Furcaborsten):	1,1mm
Länge der Antenula:	0,6 mm
Abdomen:	0,45 mm
Länge des Furcaastes:	0,09 mm
Breite des Furcaastes	0,03 mm
Länge des 3. Gliedes des P4 (End):	0,07 mm
Breite des 3. Gliedes des P4 (End)	0,025 mm

Gliederformel:

(Anzahl der Glieder an jedem Bein)

P1	Endopodit	3
	Exopodit	3
P2	Endopodit	3
	Exopodit	3
P3	Endopodit	3
	Exopodit	3
P4	Endopodit	3
	Exopodit	3

Dornenformel: 2.3.3.3.

(Anzahl der Dornen am Außenrand und apical am Endglied der Außenäste)

Borstenformel

Anzahl der Fiederborsten innen und apikal an allen Gliedern der Außen- und Innenäste, Außenrandborste des Innenastes von P4 nicht mitgezählt.
End= Endopodit, Ex = Exopodit

	P1		P2		P3		P4	
	End.	Ex.	End.	Ex.	End.	Ex.	End.	Ex.
1	1	1	1	1	1	1	1	1
2	2	1	2	1	2	1	2	1
3	4	4	4	4	4	4	2	4

Anzahl der Eier pro Weibchen im Durchschnitt:

49.8 (n=12)

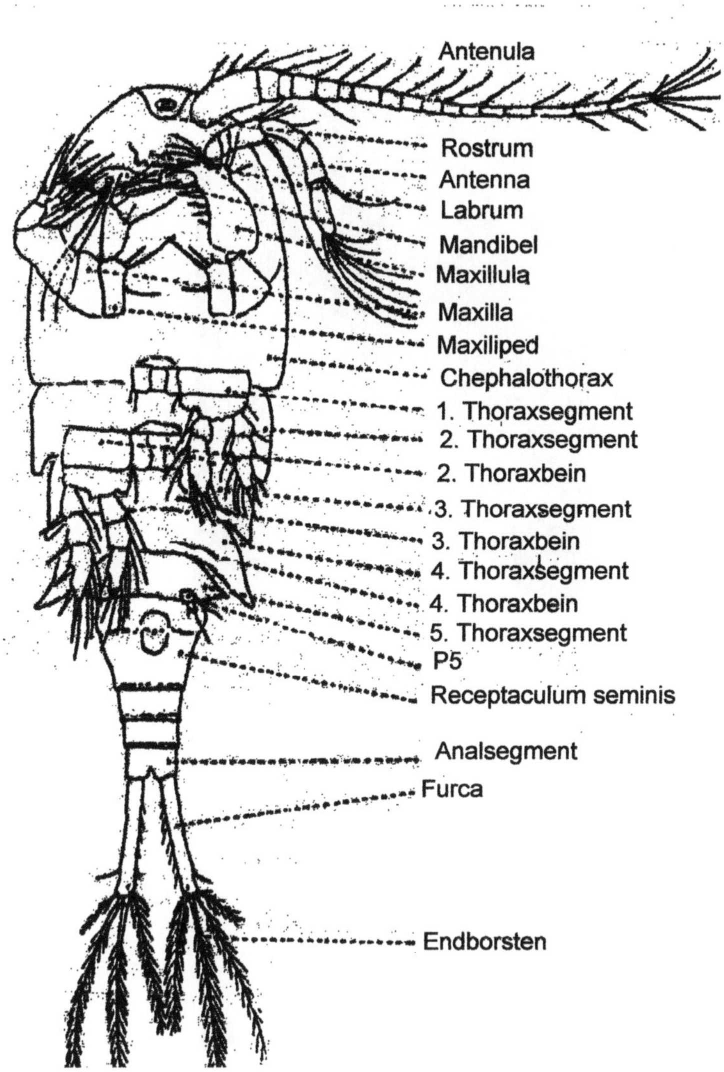

ÜBERSICHT 2: Morphologie eines Copepoden (Nach KIEFER & FRYER 1979, verändert)

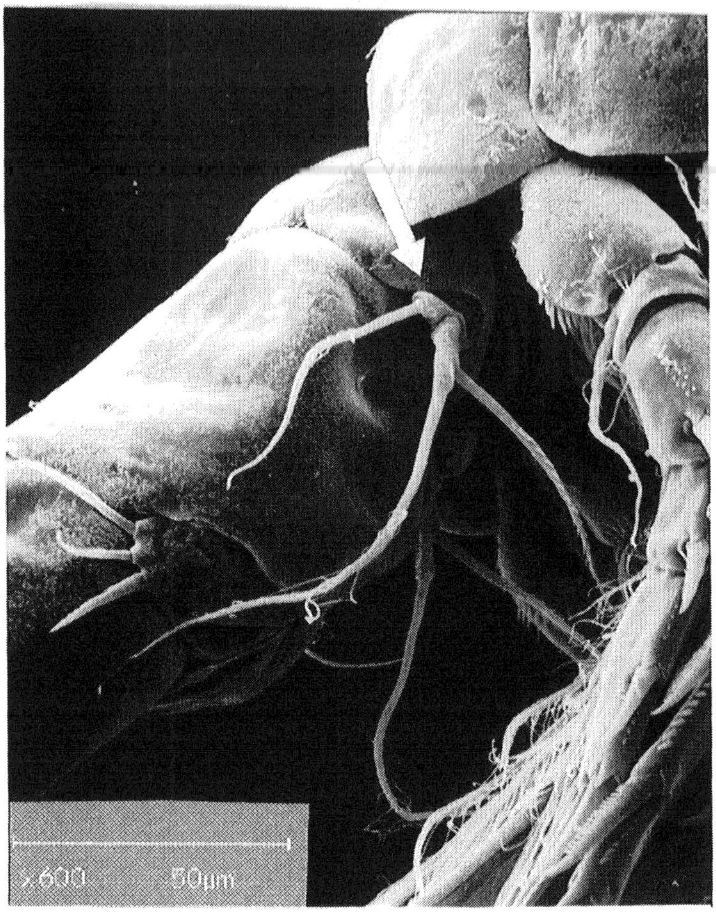

ABB. 30: 5. Beinpaar (P5) von *Mesocyclops thermocyclopoides* (Pfeil).

ABB. 31: Höcker der Basalplatte (Pfeil unten) und Fiederborste am 4. Beinpaar.

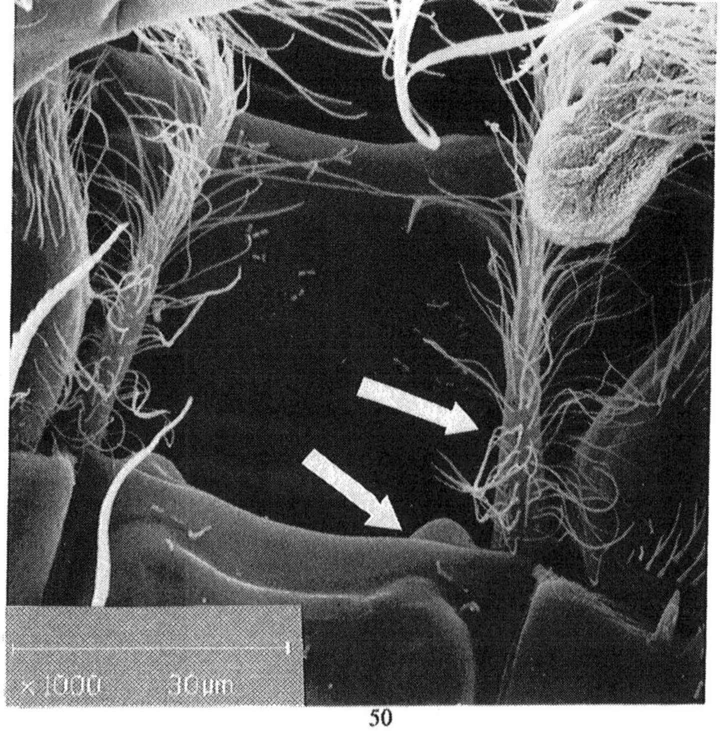

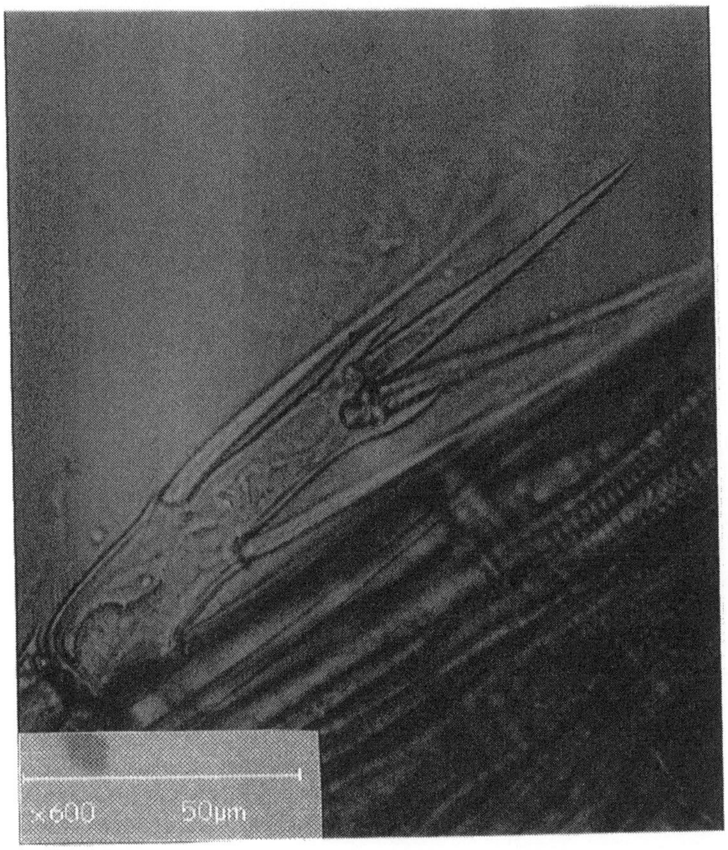

ABB. 32: Endopodit des 4. Beinpaares (P4), lichtmikroskopisch.

ABB. 33: Unbeborsteter Innensaum der Furca (Pfeil).

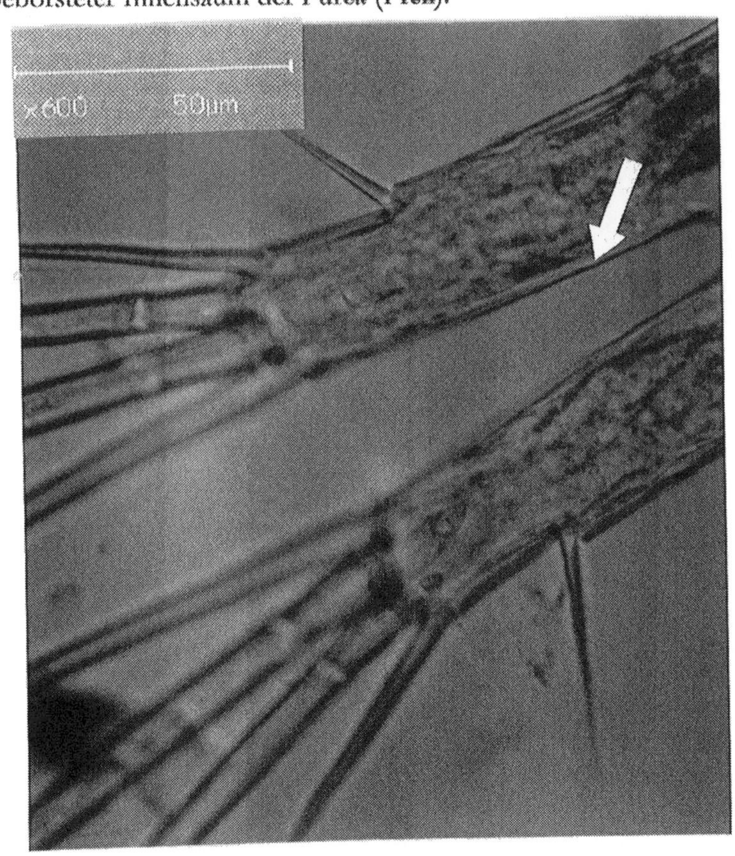

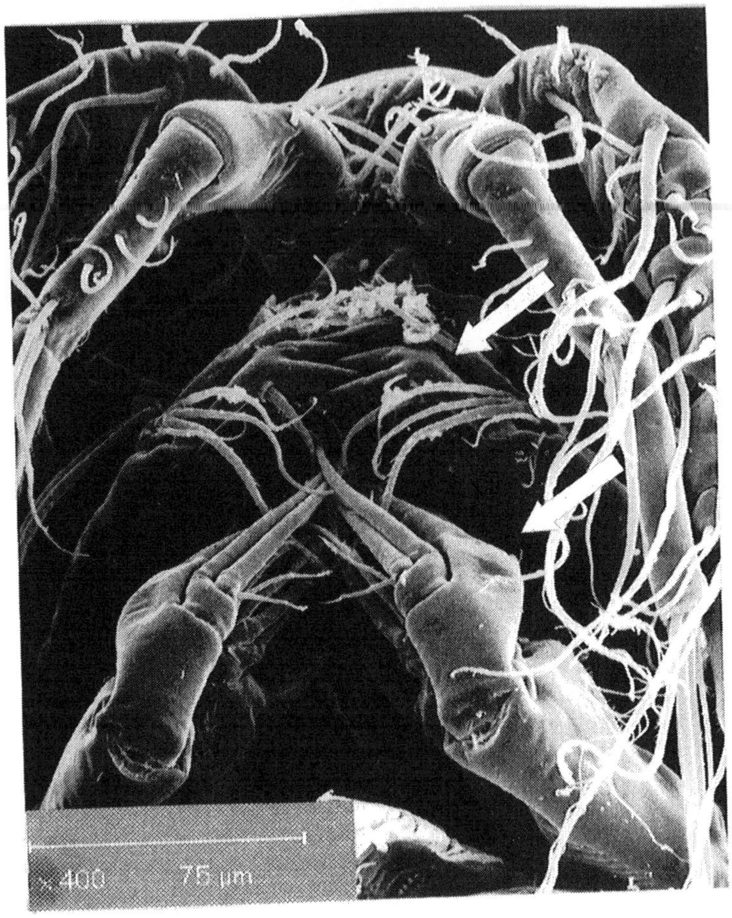

ABB. 34: Maxillua (Pfeil oben) und Maxille (Pfeil unten) von *Mesocyclops thermocyclopoides.*

ABB. 35: Verschmelzung von 1. und 2. Abdominalsegment bei einem adultem Weibchen.

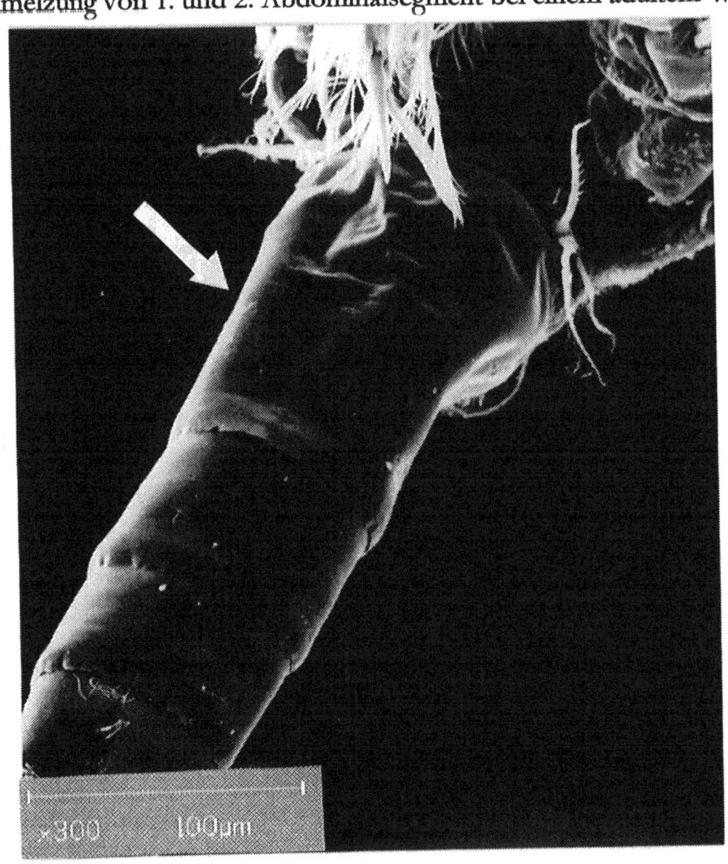

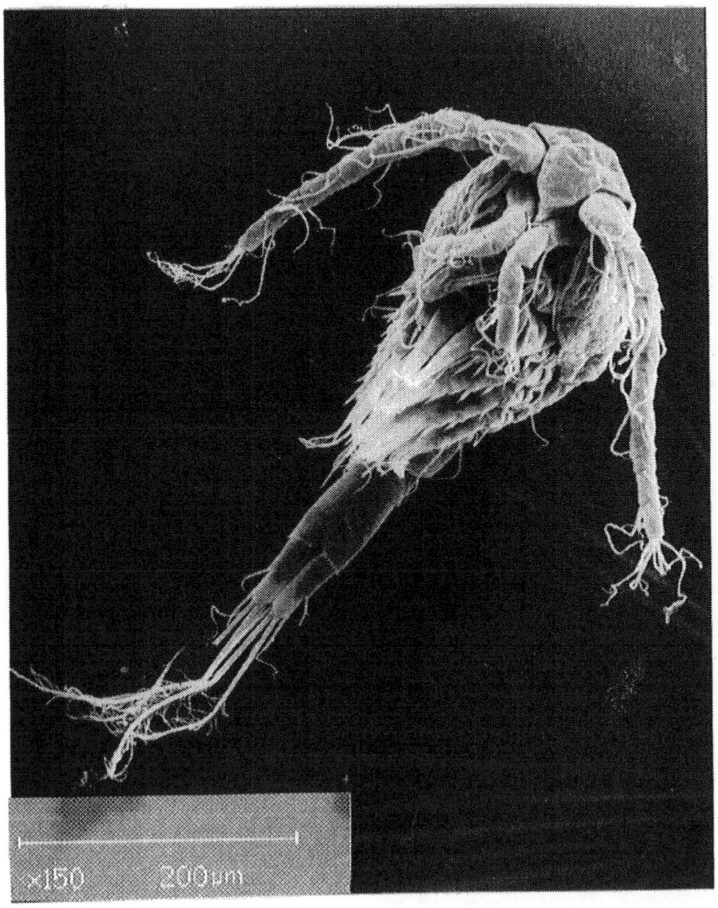

ABB. 36: Copepodit von *Mesocyclops thermocyclopoides.*

ABB. 37: Antenula von *Mesocyclops thermocyclopoides.*

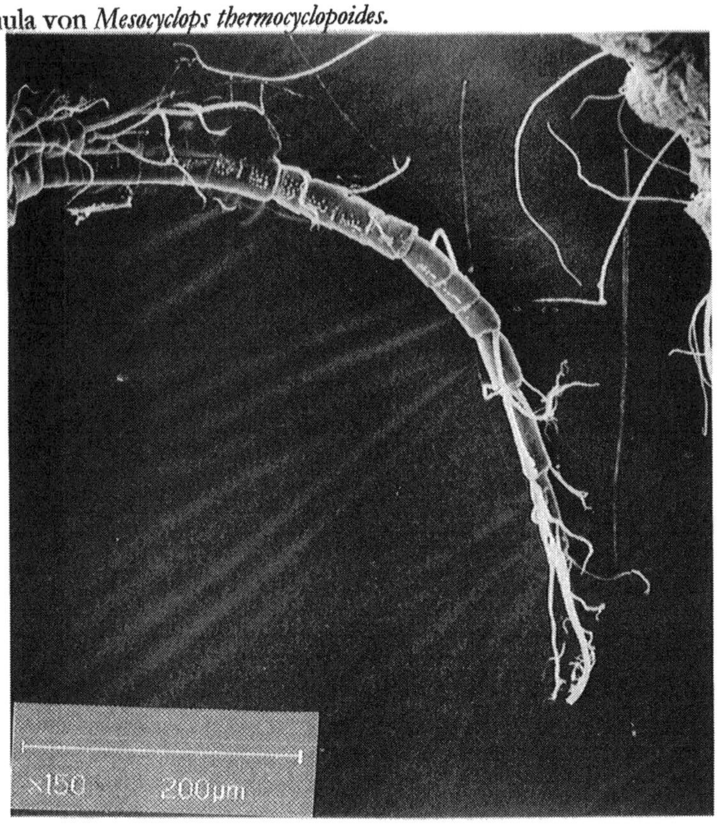

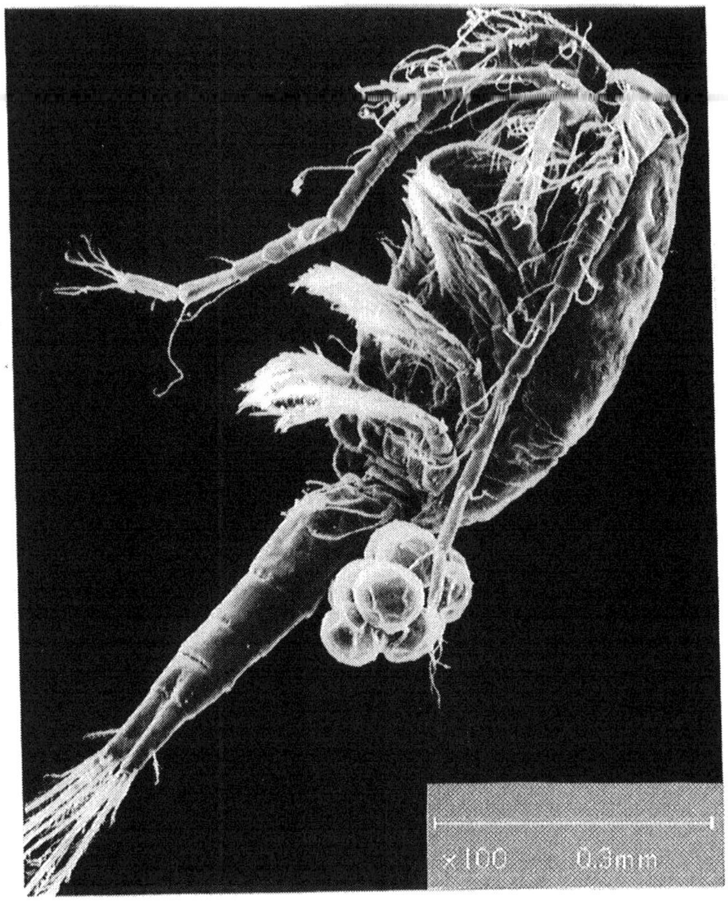

ABB. 38: Totalaufnahme eines Weibchens mit Eipaket.

DISKUSSION

Die Art *Mesocyclops thermocyclopoides* konnte einwandfrei als solche identifiziert werden. Für die Diagnose sprach die Form des P5, der unbeborstete Innensaum der Furca, die hyaline Membran der Antenula und die Basalplatte des P4 (KIEFER & FRYER 1979, PETROVSKI 1986). Carmen Collado bestätigte den Arten-Befund.

Dieser Ruderfußkrebs ist in Costa Rica weit verbreitet und kommt in einer Vielzahl von Gewässertypen vor. Sein Vorkommen reicht von 0 bis 1200 m.ü.n.n.. Eine ähnliche geographische Verbreitung wurde von COLLADO *ET AL.* (1984) nachgewiesen. Aufgrund seiner Verbreitung ist es unwahrscheinlich, daß diese Art neu in ein Ökosystem eingeschleppt wird, zumal es sich bei den typischen *Aedes aegypti*-Habitaten um künstliche Behälter handelt, in denen sich nur einige wenige Arten entwickeln können.

4. Bewertung des individuellen Schadens der *Aedes aegypti* durch *Mesocyclops thermocyclopoides* zugefügt wird

EINFÜHRUNG

Copepoden greifen das erste und zweite Larvenstadium der Larve von *Aedes aegypti* an, wobei bei einigen Arten bis zu 40 Larven pro Tag getötet werden können (MARTEN *ET AL.* 1994b), allerdings hat die hier verwendete Art niedrigere Kontrollraten.

Zahlreiche Studien zeigen die populationsdynamischen Effekte, die von den Copepoden verursacht werden (BROWN *ET AL.* 1991, BROWN *ET AL.* 1996, MARTEN *ET AL.* 1994a, b), es herrschte jedoch ein Mangel an Beschreibungen der Auswirkungen der Predation auf das einzelne Individuum.

Bisher war nur wenig über die Morphologie des Schadens bekannt, die der Copepode der Mückenlarve zufügt. Die Bewertung dieses Schadens kann dazu beitragen zu erklären, warum einige Arten von den Krebsen attackiert werden (*Aedes* sp., *Anopheles* sp.), andere aber nicht (z.B. *Culex*).

MATERIAL UND METHODEN

5 *Aedes aegypti*-Larven (1. Stadium) wurden in Bean-Kapseln mit 0.5 ml Wasser und einem adulten *Mesocyclops thermocyclopoides* Weibchen gegeben. Nach 5 h Inkubationszeit wurden die Tiere mit 0.1 ml 25 % Glutharaldehyd fixiert. Nach einem Tag wurden die fixierten Larven mit 0.1 M Phosphatpuffer gewaschen und mit 1 % OsO_4 nachfixiert. Danach wurde die Probe in Alkohol (30-100 %) dehydriert, in einem Kritischen-Punkt-Trockner behandelt, auf Aluminumsockeln montiert und mit Gold beschichtet. Das fertige Präparat wurde unter einem Hitachi S-570 Elektronenmikroskop betrachtet. Diese Prozedur wurde 5 mal wiederholt (insgesamt wurden 25 Individuen verwendet).

Die angegriffenen *Aedes aegypti*-Larven wiesen z.T. erhebliche Beschädigungen auf. Die Copepoden griffen meistens das Analsegment, den Siphon oder die letzten Abdominalsegmente an (19 von 25 Fällen), was selbstverständlich tödlich für das Indiviuum war, da die zur Atmung wichtige Tracheenverbindung zum Siphon unterbrochen wurde (Abb. 39). In einigen dieser Fälle wurde sogar der Torax gefressen, so daß lediglich die Kopfkapsel übrig blieb.

In drei Fällen konnte eine Attacke auf den Kopf beobachtet werden (Abb. 40). In 3 weiteren Fällen konnten laterale Angriffe auf den Thorax und den Abdomen festgestellt werden, von denen allerdings nicht sicher war, ob sie unmittelbar tödlich für das Tier waren. Diese Verletzungen können allerdings auch das Ergebnis von Primärangriffen sein, die durchgeführt werden, um das Opfer zu verletzen und zu schwächen, um es schließlich in einem weiteren Angriff endgültig zu töten. Abb. 41 zeigt eine solche Verletzung am Analsegment.

Da der Siphon des 1. Larvenstadium nicht so stark sklerotisiert ist wie in den anderen Stadien, ist diese Phase der Larvalentwicklung wahrscheinlich besonders durch Copepoden gefährdet. Die stärkere Sklerotisierung könnte neben der zunehmenden Körpergröße zu einer besseren Überlebensquote der 2. und 3. Larvenstadien führen. Abb. 42 zeigt einen Größenvergleich der beiden Tiere.

MARTEN *ET AL.* (1994a) vermutete, daß Larven der Gattung *Culex* nicht von Copepoden angegriffen werden, weil sie eine stärkere Beborstung am Torax aufweisen, die Larve erscheint daher größer als sie wirklich ist, so daß die Copepoden den Angriff abbrechen. Hier wurde beobachtet, daß die meisten Angriffe im hinteren Abdominalbereich stattfinden. Hier finden sich sowohl bei *Culex* als auch bei *Aedes* relativ wenige große Borsten. Das einzige Teil der Anatomie, das hier von der Größe her sehr auffällig ist, ist der Siphon. Es wird daher die Vermutung geäußert, daß eher die Größe des Siphons für einen möglichen Angriff entscheidend ist, da diese bei *Culex* sehr lange Struktur es dem Copepoden unmöglich macht die Larven von hinten her anzugreifen.

Anopheles albimanus Wiedemann, eine Art, die keinen Siphon hat, kann dagegen ebenfalls von den Ruderfußkrebsen gefressen werden (pers. Beob.).

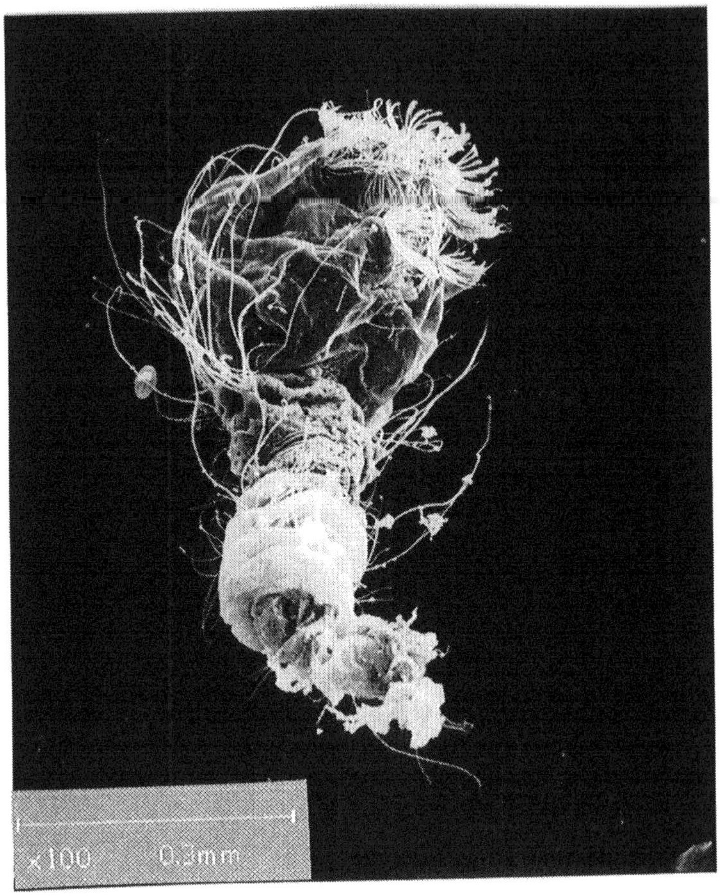

ABB. 39: Typisches Erscheinungsbild von *Aedes aegypti* nach dem Angriff eines Copepoden.

ABB. 40: In Einzelfällen wurde die Larve am Kopf angegriffen.

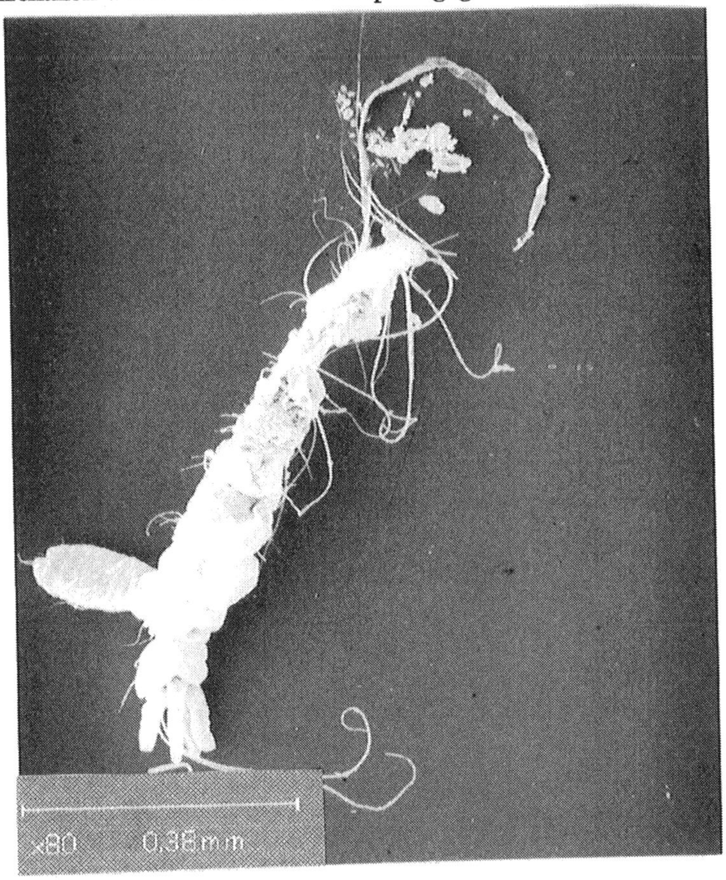

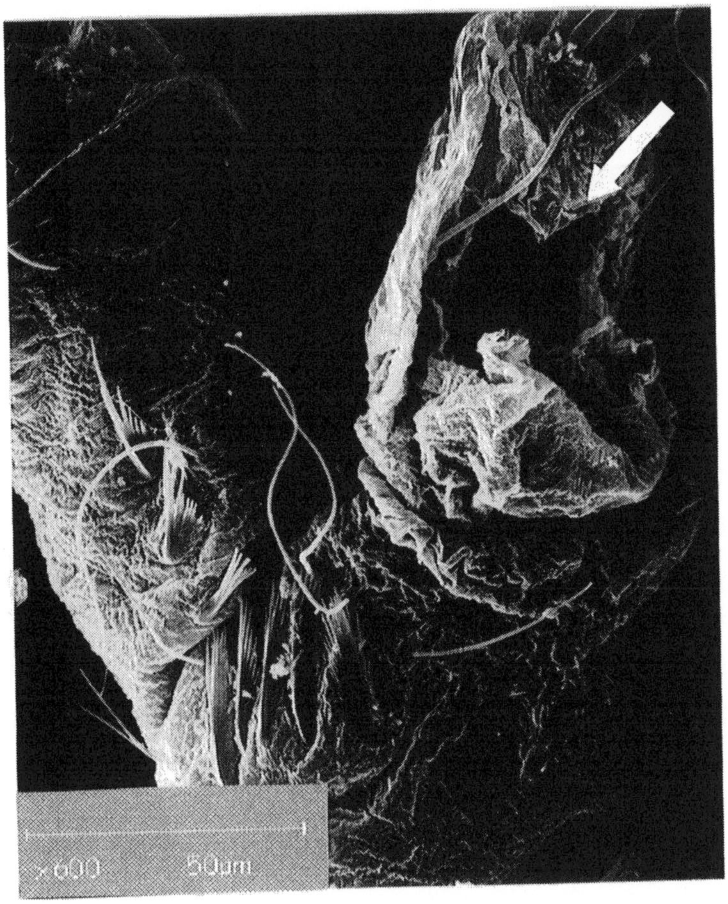

ABB. 41: Eine kleine Bißwunde am Analsegment, möglicherweise als Folge eines Primärangriffes.

ABB. 42: Größenvergleich *Aedes aegypti* und *Mesocyclops thermocyclopoides* (r).

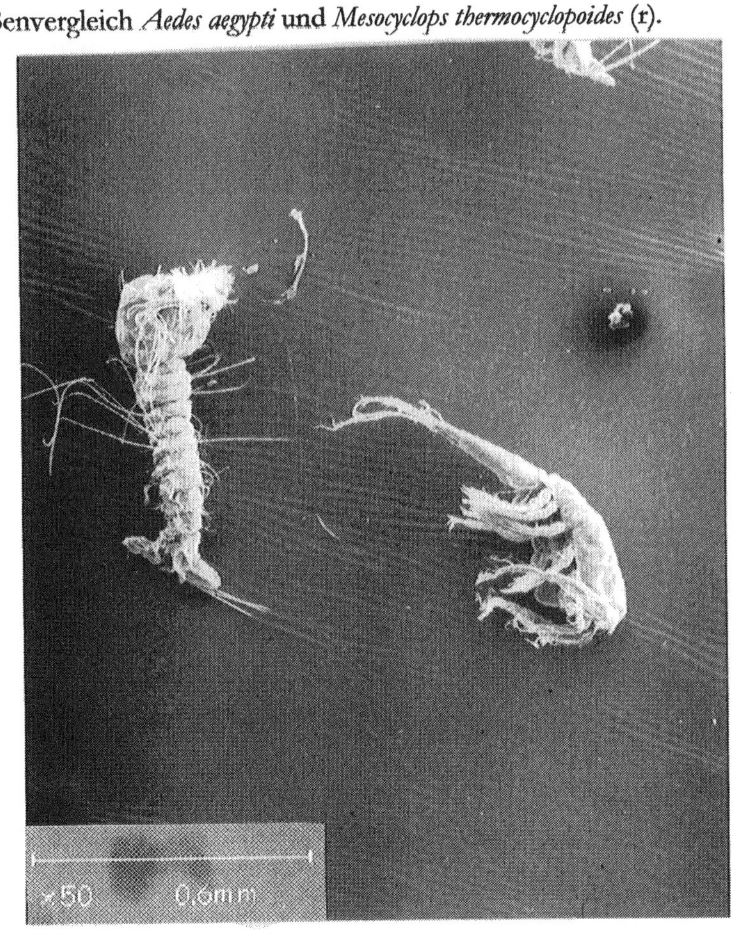

5. Quantifizierung der Vorteile der Predation für die Mücken

EINFÜHRUNG

Von Raubtieren verfolgte Arten haben durch die Bejagung nicht nur Nachteile, sondern profitieren auch von der Predation. Die Räuber töten besonders kranke und schwache Tiere und sorgen so indirekt auch für die Erhaltung der Art, sofern sie dem Selektionsdruck standhält. Darüber hinaus wird die intraspezifische Konkurrenz unter den bejagten Tieren verringert, so daß den überlebenden Tiere z.B. mehr Futter oder Raum zur Verfügung steht (CHAMBERS 1985).

Dies gilt natürlich auch für Moskitos, die durch Ruderfußkrebse bejagt werden. Die Nahrungsressourcen in den typischen Lebensräumen der Moskitolarven sind begrenzt (BARRERA 1996). In alten Autoreifen findet sind in aller Regel nur Laub von Bäumen, das allmählich durch Bakterien zersetzt wird. Die meisten Mückenlarven filtrieren diese Bakterien als Nahrung aus dem Wasser oder weiden sie von den von ihnen bewachsenen Oberflächen ab. Auch in den meisten Phytothelmen herrscht Nahrungsknappheit, auch hier baut die Nahrungskette meist auf Laub auf (LÉONARD & JULIANO 1995). Zudem kommt es bei hohen Individuendichten zu starker intraspezifischer Konkurrenz (DYE 1984), was zu verminderter Körpergröße (Larven und Adulte) und erhöhter Mortalität unter den Larven führt (RENSHAW *ET AL.* 1993) .

Wenn bei Nahrungsknappheit ein starker Predatorendruck herrscht, steht den überlebenden Larven sehr viel mehr organisches Material als Futter zur Verfügung. Es ist daher zu erwarten, daß die Tiere unter diesen Umständen :

a) schneller zum adulten Tier heranreifen.

b) größer werden als Larven unter anderen Umständen.

c) schwerer werden als andere Tiere (vgl. CHAMBERS 1985).

Werden die Mücken wiederholt (d.h. über mehre Generationen) den Predatoren ausgesetzt, ist mit einer Selektion bestimmter Merkmale zu rechnen. Tiere, die bestimmte Eigenschaften haben, die es den Räubern erschweren, die Larve zu töten, werden besser überleben und ihre Merkmale auf die nächste Generation übertragen. Wird die resultierende Generation wieder bejagt, werden diese Eigenschaften erneut selektiert und treten bei den folgenden Nachkommen verstärkt auf. Langfristig können auf diese Weise Abwehrmechanismen gegen die Predatoren entstehen. In der Regel geht man dabei von Prozessen aus, die viele Millionen Jahre dauern, es gibt jedoch einige Entwicklungen, wie etwa Insektizidresistenzen, die schon nach sehr viel kürzerer Zeit entstehen. RAO *ET AL.* (1995) beobachteten Resistenzen gegen *Bacillus sphaericus* nach 18 Generationen, BISSET *ET AL.* (1997) konnten bereits nach 6 Generationen Kreuzresistenzen gegen Organophosphate und Pyrethroide nachweisen. Es ist daher wichtig nachzuweisen, ob sich möglicherweise bei *Aedes aegypti* auch gegen Copepoden schon nach kurzer Zeit Abwehrmechanismen bilden, die durch die Selektion gefördert werden.

MATERIAL UND METHODEN

Es wurden zwei Gruppen von Experimenten gemacht, um festzustellen a) ob es einen nachweisbaren Selektionseffekt gibt und b) welche Vorteile sich für *Aedes aegypti* aus der Predation durch *Mesocyclops thermocyclopoides* ergeben.

Das Selektions-Experiment

10 *Aedes aegypti*-Larven wurden in ein 50 ml Glas mit Wasser gesetzt und einem Exemplar von *Mesocyclops thermocyclopoides* ausgesetzt. Als Futter diente eine Skalpellspitze Trockenfutter (1 g). Sobald sich die überlebenden Tiere verpuppten, wurden sie in ein Aquarium überführt. Den Adulten wurde menschliches Blut angeboten, so daß sie sich fortpflanzen konnten. Die daraus resultierenden Larven wurden erneut durch Copepoden selektiert. Wieder wurden die resultierenden Adulten zur Fortpflanzung gebracht. Diese Selektion wurde über 10 Generationen aufrecht erhalten. Die in der 10. Generation (GX) entstandenen Mücken wurden erneut zur Eiablage gebracht. Die resultierenden Larven (GXI) wurden erneut von *Mesocyclops thermocyclopoides* bejagt. Die Mortalität dieser Larven wurde mit der nicht bejagter Tiere verglichen.

Einige der Tiere aus GI (Kontrolle und bejagte Tiere) und GXI (Kontrolle und bejagte Tiere) wurden nach der Verpuppung mit Alkohol abgetötet. An ihnen wurde die Länge des rechten Flügels als Maß für Größe und Gewicht des Tieres (LOUNIBOS 1994, PACKER & CORBET 1989) gemessen. Die Meßwerte wurden statistisch ausgewertet.

Das Springspinnen-Experiment

10 *Aedes aegypti*-Larven wurden in ein 60 ml Glas mit Wasser gesetzt und einem Exemplar von *Mesocyclops thermocyclopoides* ausgesetzt. Als Futter diente eine Skalpellspitze Trockenfutter pro

Woche. Sobald sich die überlebenden Tiere verpuppten, wurden sie in ein größeres Gefäß überführt. Nach dem Verlassen der Puppenhaut wurden die Tiere abgesammelt und in ein 350 ml großes Gefäß überführt. Dort wurden die durch *Mesocyclops thermocyclopoides* selektierten Tiere der Bejagung durch eine Springspinne (Fam. Salticidae: *Aelurillus* sp.) ausgesetzt. Die Zahl der Fehlversuche wurde erfaßt (Zahl der mißlungenen Angriffe der Spinne auf die Mücke) und mit den Mücken einer Kontrollgruppe ohne Bejagung verglichen. Die Zahl der Fehlversuche wurde als Indikator für die Überlebensfähigkeit der Tiere benutzt, da sie die Fähigkeit des Moskitos wiederspiegelt, der Spinne zu entkommen. Aus der GXI entstehende adulte Tiere (Selektions-Experiment) wurden ebenfalls in einen 350 ml Gefäß mit einer Springspinne überführt. Auch hier wurde die Anzahl der fehlgeschlagenen Versuche beobachtet. Die Ergebnisse wurde mit SPSS 7.5 statistisch untersucht.

ERGEBNISSE UND DISKUSSION

Selektionsexperiment

Es zeigte sich nach 10 Generationen keine signifikante Abweichung in der Überlebensrate der Larven von GI und GXI. Die Tiere der GXI zeigten sogar einen etwas schlechteren Mittelwert als GI (2.8, bzw. 4.05). Eine Verbesserung der Fitness durch eine Predation über 10 Generationen hinweg ließ sich in diesem Experiment nicht nachweisen.

Die Selektion über 10 Generationen hinweg hat eine signifikante Abweichung bei der Flügellänge zur Folge, die Flügel dieser Tiere sind jedoch kürzer als die der GI, was darauf schließen läßt, daß eine Verkümmerung stattfindet. Möglicherweise ist dies eine Folge von Inzucht, da bei jedem Selektionsschritt in der Regel weniger als 5 Tiere bis zur Verpuppung überlebten und anschließend zur Vermehrung gebracht wurden. Es ist daher möglich, daß sich zwar hier unter Laborbedingungen keine für die Moskitos positiven Selektionseffekte nachweisen lassen, bei größeren Populationen sind jedoch andere Beobachtungen möglich.

Die Messung der Flügellänge bei den Adulten der GI bzw. der Kontrollgruppe zeigte jedoch, daß eine signifikante Erhöhung zu beobachten ist, wenn eine Bejagung durch *Mesocyclops thermocyclopoides* stattgefunden hat. TAMMARU *ET AL.* (1996) beobachteten unter Laborbedingungen, daß kleine und große Männchen zwar einen identischen Fortpflanzungserfolg hatten, aber unter Feldbedingungen hatten große Männchen jedoch einen bessere Chance Weibchen aufzufinden. OHGUSHI (1996) stellte fest, daß bei größeren Tiere die Wahrscheinlichkeit, die Geschlechstreife zu erreichen höher ist, außerdem legten große Weibchen mehr Eier.

Die hier unter Laborbedingungen gewonnenen Ergebnisse zeigen, daß sich eine Selektion innerhalb von 10 Generationen nicht nachweisen läßt. Nichtsdestotrotz sind sehr wohl die Effekte der Bejagung auf die überlebenden Larven bzw. die resultierenden Adulten zu sehen, was sich in der erhöhten Flügellänge zeigt.

Zellenmittelwerte[b]

G11	MT	SURVIALS Mittelwert	SURVIALS N
.00	.00	9.7000	10
	1.00	4.0500	20
	Insgesamt	5.9333	30
1.00	.00	9.7000	10
	1.00	2.8235	17
	Insgesamt	5.3704	27
Insgesamt	.00	9.7000	20
	1.00	3.4865	37
	Insgesamt	5.6667[a]	57

a. Gesamtmittelwert

b. SURVIALS /nach G11, MT

TABELLE 5: Überlebende Larven nach 10 Generationen Selektion (GXI=1) durch *Mesocyclops thermocyclopoides* im Vergleich mit einer nicht selektierten Kontrollgruppe *(GXI=0). Werte in mm.*

Mt=1 erneute Bejagung
Mt=0 Kontrolle

ANOVA[a]

			Hierarchische Methode: Quadratsumme	df	Mittel der Quadrate	F	Sig.
SURVIALS	Haupteffekte	(Kombiniert)	510.175	2	255.088	84.699	.000
		GXI	4.504	1	4.504	1.495	.227
		MT	505.672	1	505.672	167.902	.000
	2-Weg-Wechselwirkungen	GXI * MT	4.871	1	4.871	1.617	.209
	Modell		515.046	3	171.682	57.005	.000
	Residuen		159.621	53	3.012		
	Insgesamt		674.667	56	12.048		

a. SURVIALS /nach GXI, MT

TABELLE 6: Statistische Auswertung nach ANOVA..

Mt=1 erneute Bejagung
Mt=0 Kontrolle
GXI=1 10 Generationen Selektion
GXI=0 Kontrollgruppe, ohne Selektion

Zellenmittelwerte[b]

GXI	MT	GESCHL	FLÜGELL Mittelwert	FLÜGELL N
.00	.00	.00	3.2175	35
		1.00	2.4823	54
		Insgesamt	2.7714	89
	1.00	.00	3.3096	43
		1.00	2.4885	44
		Insgesamt	2.8943	87
	Insgesamt	.00	3.2683	78
		1.00	2.4851	98
		Insgesamt	2.8322	176
1.00	.00	.00	2.8380	9
		1.00	2.1835	9
		Insgesamt	2.5107	18
	1.00	.00	2.1835	9
		1.00		0
		Insgesamt	2.1835	9
	Insgesamt	.00	2.5107	18
		1.00	2.1835	9
		Insgesamt	2.4017	27
Insgesamt	.00	.00	3.1399	44
		1.00	2.4396	63
		Insgesamt	2.7276	107
	1.00	.00	3.1147	52
		1.00	2.4885	44
		Insgesamt	2.8277	96
	Insgesamt	.00	3.1262	96
		1.00	2.4597	107
		Insgesamt	2.7749[a]	203

a. Gesamtmittelwert

b. FLÜGELL /nach GXI, MT, GESCHL

TABELLE 7: Mittlere Flügellänge nach 10 Generationen Selektion (GXI=1) und in einer Kontrollgruppe (GXI=0). *Werte in mm.*

Mt=1	Erneute Bejagung
Mt= 0	Kontrolle
Geschl= 0	Weibchen
Geschl=1	Männchen

ANOVA[a,b]

			Hierarchische Methode				
			Quadratsumme	df	Mittel der Quadrate	F	Sig.
FLÜGELL	Haupteffekte	(Kombiniert)	30.604	3	10.201	171.634	.000
		GXI	4.339	1	4.339	72.998	.000
		MT	.237	1	.237	3.989	.047
		GESCHL	26.028	1	26.028	437.916	.000
	2-Weg-Wechselwirkung	(Kombiniert)	3.108	3	1.036	17.431	.000
		GXI * MT	2.034	1	2.034	34.220	.000
		GXI * GESCHL	2.416E-02	1	.416E-02	.407	.524
		MT * GESCHL	7.933E-02	1	.933E-02	1.335	.249
	Modell		33.713	6	5.619	94.533	.000
	Residuen		11.650	196	.944E-02		
	Insgesamt		45.362	202	.225		

a. FLÜGELL /nach GXI, MT, GESCHL

b. Wegen leerer Zellen oder einer singulären Matrix wurden Wechselwirkungen höherer Ordnung unterd

TABELLE 8: Statistische Auswertung nach ANOVA..

Mt=1	Erneute Bejagung
Mt= 0	Kontrolle
Geschl= 0	Weibchen
Geschl=1	Männchen
GXI=1	10 Generationen Selektion
GXI=0	Kontrollgruppe, ohne Selektion

Springspinnen-Experiment

Bei der Betrachtung der Mittelwerte des Springspinnenversuches zeigen sich einige auffällige Ergebnisse. Männchen zeigen generell eine geringe Zahl der Fehlversuche, d.h. sie entkommen den Spinnen seltener als die Weibchen. Wie in Tabelle 9 zu sehen ist, liegt der Durchschnitt der Männchen in der Gesamtbestrachtung bei 0.1818, während die Weibchen 0.2706 zeigen. Lediglich in der Kontrollgruppe der GI liegen die Werte sehr nahe beieinander. Sobald ein Bejagung durch *Mesocyclops* stattfindet, tritt eine Differenz zwischen Männchen und Weibchen zutage. Bei der GXI ist dies besonders deutlich (Abb. 43).

Wenn eine Bejagung durch *Mesocyclops thermocyclopoides* (GI) stattgefunden hat, zeigt sich nur eine geringfügige Erhöhung der durchschnittlichen Zahl der Fehlversuche. Insgesamt liegt die Zahl der Fehlversuche ohne vorherige Bejagung bei 0.2203, während sie bei stattgefundener

Bejagung bei 0.2329 liegt. Insbesondere bei den Weibchen hat sich dabei eine leicht erhöhte Überlebensfähigkeit gezeigt (0.25 zu 0.2222).

Die 10 Generationen lang selektierten Tiere zeigten in der Kontrollgruppe insgesamt keine erhöhte Überlebensfähigkeit, in der erneut bejagten Gruppe wurde jedoch eine durchschnittliche Zahl der Fehlversuche von 0.4286 beobachtet. Hierbei ist erneut eine ungleiche Verteilung zwischen Männchen und Weibchen zu sehen, ebenso wie in der Kontrollgruppe der GXI. Die Männchen zeigten in beiden Fällen keine Fehlversuche, d.h., sie sind sofort von den Spinnen erbeutet worden, während die Weibchen 0.2857 (GXI, Kontrolle) bzw. 0.5 (GXI mit erneuter Bejagung) zeigten. Die Ergebnisse sind jedoch nur als auffällig zu bezeichnen, da keine statistische Signifikanz vorliegt.

Deskriptive Statistiken

	GXI	MT	GESCHL	Mittelwert	Standardabweichung	N
FEHLVERS	.00	.00	.00	.2222	.5404	36
			1.00	.2174	.5184	23
			Gesamt	.2203	.5274	59
		1.00	.00	.2778	.6595	36
			1.00	.1892	.5695	37
			Gesamt	.2329	.6128	73
		Gesamt	.00	.2500	.5993	72
			1.00	.2000	.5462	60
			Gesamt	.2273	.5741	132
	1.00	.00	.00	.2857	.7559	7
			1.00	.0000	.0000	5
			Gesamt	.1667	.5774	12
		1.00	.00	.5000	.8367	6
			1.00	.0000	.	1
			Gesamt	.4286	.7868	7
		Gesamt	.00	.3846	.7679	13
			1.00	.0000	.0000	6
			Gesamt	.2632	.6534	19
	Gesamt	.00	.00	.2326	.5706	43
			1.00	.1786	.4756	28
			Gesamt	.2113	.5323	71
		1.00	.00	.3095	.6803	42
			1.00	.1842	.5626	38
			Gesamt	.2500	.6264	80
		Gesamt	.00	.2706	.6247	85
			1.00	.1818	.5236	66
			Gesamt	.2318	.5825	151

TABELLE 9: Mittlere Zahl der Fehlversuche im Springspinnenversuch.

Mt=1	Erneute Bejagung
Mt= 0	Kontrolle
Geschl= 0	Weibchen
Geschl=1	Männchen
GXI=1	10 Generationen Selektion
GXI=0	Kontrollgruppe, ohne Selektion

Erwartetes Mittel der Quadrate[a,b]

Quelle	Varianzkomponente							
	Varianz (MT)	Varianz (GESCHL)	Varianz (GXI * MT)	Varianz (GXI * GESCHL)	Varianz (MT * GESCHL)	Varianz (GXI * MT * GESCHL)	Varianz (Fehler)	Quadratis Term
Konstanter Term	19.565	19.565	9.782	9.782	9.782	4.891	1.000	Intercept,
GXI	.000	.000	9.782	9.782	.000	4.891	1.000	GXI
MT	19.565	.000	9.782	.000	9.782	4.891	1.000	
GESCHL	.000	19.565	.000	9.782	9.782	4.891	1.000	
GXI * MT	.000	.000	9.782	.000	.000	4.891	1.000	
GXI * GESCHL	.000	.000	.000	9.782	.000	4.891	1.000	
MT * GESCHL	.000	.000	.000	.000	9.782	4.891	1.000	
GXI * MT * GESCHL	.000	.000	.000	.000	.000	4.891	1.000	
Fehler	.000	.000	.000	.000	.000	.000	1.000	

a. Bei jeder Quelle errechnet sich das erwartete Mittel der Quadrate folgendermaßen: Summe der in den Ze vorhandenen Koeffizienten mal Varianz-Komponenten plus ein quadratischer Term mit Effekten in der Ze quadratischen Terms.

b. Das erwartete Mittel der Quadrate basiert auf demTyp III der Quadratsumme.

TABELLE 10: Varianzen des Springspinnenversuches.

Mt=1	Erneute Bejagung
Mt= 0	Kontrolle
Geschl= 0	Weibchen
Geschl=1	Männchen
GXI=1	10 Generationen Selektion
GXI=0	Kontrollgruppe, ohne Selektion

ANOVA[a,b]

			Hierarchische Methode					
			Quadratsumme	df	Mittel der Quadrate	F	Sig.	B
FEHLVERS	Kovariaten	MT	5.643E-02	1	.643E-02	.164	.686	.873E-02
	Haupteffekte	GXI	3.123E-02	1	.123E-02	.091	.763	
	Modell		8.766E-02	2	.383E-02	.128	.880	
	Residuen		50.800	148	.343			
	Insgesamt		50.887	150	.339			

a. FEHLVERS nach GXI mit MT

b. Kovariaten zuerst eingegeben

TABELLE 11: Statistische Analyse des Springspinnenexperimentes nach ANOVA.

Mt=1	Erneute Bejagung
Mt= 0	Kontrolle
Geschl= 0	Weibchen
Geschl=1	Männchen
GXI=1	10 Generationen Selektion
GXI=0	Kontrollgruppe, ohne Selektion

6. Die Predation von *Mesocyclops thermocyclopoides* unter verschiedenen Freilandbedingungen

Einführung

Die Eier werden von den meisten *Aedes*-Arten oberhalb der Wasseroberfläche an Pflanzen oder anderen Materialien abgelegt. Als Behälter für die Ablage werden von den Moskitos alte Autoreifen und anderer wasserzurückhaltender Abfall (Schrott, Blechdosen, Plastikmüll, etc.), Phytothelmata (Bromelien, Kokosnüsse, Bambusinternodien, etc.) und weitere von Menschen geschaffene Gefäße (Wassertanks, Eimer, Regenrinnen, etc.) benutzt. MARTEN *ET AL.* (1994b) nennt Wassertanks und Autoreifen als wichtigste Brutstätten für *Aedes aegypti*. Die genannten Phytothelmata können jedoch ebenfalls epidemiologische Bedeutung haben (CHADEE *ET AL.* 1998).

Die Bekämpfung der Larven in diesen Kleinstgewässern ist schwierig und mühsam, da möglichst viele Gefäße erfaßt werden müssen, damit die adulte Population auch tatsächlich abnimmt. Aus diesem Grund ist es wünschenswert, daß eine Bekämpfungsaktion einen nachhaltigen Effekt hat und nicht schon nach kurzer Zeit wiederholt werden muß. Daher ist die mehrmonatige Überlebensfähigkeit der Ruderfußkrebse in Behältern wie z.B. Autoreifen (MARTEN *ET AL.* 1994b) besonders interessant, weil die Tiere sich dauerhaft negativ auf die Moskitopopulation auswirken können. Hier ist zu berücksichtigen, daß Costa Rica eine hohe Diversität an verschiedenen Klimazonen, mit unterschiedlichen Niederschlagsmengen, Evaporationsraten und Temperaturen aufweist, denen eine Copepoden-Art widerstehen muß, wenn sie effektiv die Moskitopopulationen kontrollieren soll. SCHREIBER *ET AL.* (1996) beobachteten z.T. erhebliche Schwankungen der Effektivität der Copepoden bei kühleren Witterungseinflüssen, was dafür spricht, daß der Einfluß des Klimas eine wichtige Rolle spielt.

Da eine möglichst lange Überlebenszeit der Predatoren in möglichst vielen Behältertypen und unter möglichst vielen unterschiedlichen Bedingungen erwünscht ist, muß die Überlebensfähigkeit der Ruderfußkrebse unter verschiedenen klimatischen Bedingungen und in typischen Behältern und Phytothelmen getestet werden. In diesem Fall wurden drei verschiedene Klimate ausgewählt, die sich in Costa Rica finden. Es handelt sich um a) tropisch immerfeuchte, b) tropisch-gemäßigte, c) tropisch-trockene Gebiete. Diese Klimate sind weltweit verbreitet, und die Ergebnisse könnten auch zur Einschätzung der Wirksamkeit einer biologischen Kontrollmaßnahme in anderen Ländern beitragen.

MATERIAL UND METHODEN

Drei verschiedene Standorte in Costa Rica wurden für dieses Experiment ausgewählt. Jeder von ihnen weist ein typisches Klima auf.

a) Das Gelände der EARTH (Escuela de Agricultura de la Region Tropical Humeda) in der Provinz Limón, 10° 12´45" N und 83°35´38" W. Das Klima charakterisiert sich durch ganzjährig hohe Niederschläge (4496 mm Jahresniederschlag) und ebenfalls hohe Temperaturen von 25.3°C im Jahresdurchschnitt 1997 (Tropisch immerfeucht). Das Klimadiagramm zeigt die Bedingungen während des Experimentes (Abb. 44).
b) Die Finca der Universidad Nacional in Heredia (1200 m ü. n.n., 10°01´ N und 84° 07"). Hier sind die Temperaturen deutlich niedriger (20.3°C Jahresdurchschnitt 1997) und es gibt eine Trockenzeit von Dezember bis April. Die Jahresniederschlagsmenge betrug 1997 1687 mm. Die genauen Klimadaten zeigt Abb. 45.
c) Das Schutzgebiet Area de Conservación Guanacaste (ACG), 10°12´45"N und 85°35´00", mit einem tropisch-trockenen Klima. Die Jahresdurchschnittstemperatur 1997 betrug 26.2 °C, die Jahresniederschlagsmenge 1089 mm. Trockenzeit von Dezember bis Mai. Abb. 46 zeigt die genauen Klimabedingungen während des Versuches.

An jedem dieser drei Orte wurden folgende Behälter und Phytothelmen aufgebaut:

1. **20 Autoreifen**
2. **20 Bambusinternodien**, die an einer waagerechten Stange befestigt waren und sich zur Untersuchung einzeln abnehmen ließen.
3. **20 Bromelien** wurden mit Draht in erreichbarer Höhe an Bäumen befestigt, so daß sie sich ebenfalls einzeln abnehmen ließen, wenn sie untersucht werden sollten. In den unter a) und b) beschriebenen Standorten handelte es sich um Arten der Gattung *Aechmea*. In der ACG wurden *Tilandsia* sp.-Bromelien für die Experimente verwendet. Die Pflanzen wurden jeweils in der Nähe des Standortes gesammelt. Es handelte sich ausschließlich um epiphytische Arten.

Nachdem den Mücken zwei Wochen lang die Möglichkeit gegeben wurde, die aufgebauten Behälter zu besiedeln, wurden in 10 Behälter jeden Typs je 50 Copepoden der Art *Mesocyclops thermocyclopoides* gegeben. Die restlichen 10 Behälter jeden Typs dienten als Kontrolle.

Alle 2 Wochen wurden die Mückenlarven und Copepoden in den Behältern ausgezählt. Dazu wurde das Wasser aus den Autoreifen vollständig in eine Plastikwanne geschöpft. Die Mücken konnten so gezählt werden, nachdem sich die Trübstoffe nach einigen Minuten Wartezeit abgesetzt haben. Das Wasser aus den Bromelien und dem Bambus konnte direkt in die Wanne gegossen werden.

Eine hellgrüne Plastikwanne stellte sich in Vorversuchen als die beste Möglichkeit heraus, die Culiciden-Larven zu zählen. War die Farbe eines Gefäßes zu dunkel (schwarz, braun, dunkelblau), konnten die stark sklerotisierten Tiere des 3. und 4. Stadium übersehen werden. War der Farbton zu hell (weiß-gelb), konnten die jüngeren Stadien (I. und II) nicht immer ideal gesehen werden. Die Tiere konnten in diesen Fällen nur erfaßt werden, wenn sie sich bewegten.

Die Ruderfußkrebse wurden auf folgende Weise ausgezählt:
Das Wasser aus den Behältern wurde nach dem Zählen der Moskitos durch ein grobes Sieb (Maschenweite ca. 1.5 mm) gegeben. Dieser Arbeitsschritt entfernte die größeren Mückenlarven. Dann folgte ein Filtern durch ein Planktonnetz, bei dem die Copepoden aus der Flüssigkeit isoliert wurden. Dieses Filtrat wurde sofort in etwas Wasser resuspendiert. Die Tiere konnten dann im Gegenlicht in einem Glas ausgezählt werden. Wegen der zum Teil starken Trübung des Wassers waren jedoch oftmals nur Schätzungen möglich.

ERGEBNISSE

Mesocyclops thermocyclopoides überlebte zwischen 3 (Santa Rosa) und 6 (EARTH) Monaten in Autoreifen und zwischen 2 (Santa Rosa) und 5 (EARTH) Monaten in Bromelien. In Heredia lebten die Tiere 3 Monate in Bromelien und 5 in Autoreifen. Die Copepodenpopulation schwankte dabei erheblich. Die durchschnittliche Zahl der Tiere lag zwischen 18.2 und 389.3, wobei die Standartabweichung stets sehr hoch war, was auf eine hohe Variabilität innerhalb der Stichproben schließen läßt (Tabelle 12). In den Bambusinternodien konnten nach 2 Wochen keine lebenden Ruderfußkrebse mehr gefunden werden, wahrscheinlich wegen anaerober Bedingungen in dem in ihnen enthaltenen Wasser. *Aedes aegypti* wurde nie in den Bambusgefäßen gefunden, aber zweimal in Bromelien (EARTH und Heredia). Wegen der geringen Mückenpopulation in den Bromelien konnte keine signifikante Reduktion durch die Copepoden festgestellt werden.

Am EARTH Teststandort konnte in den Reifen eine Reduktion der *Aedes aegypti* Larven von 98.5% im Verlauf des 13 Monate dauernden Experimentes nachgewiesen werden. *Mesocyclops thermocyclopoides* war hier in der Lage die Mückenlarven nahezu vollständig zu kontrollieren, allerdings war die Anzahl der Individuen in der Kontrollgruppe niedriger als an den anderen Standorten (Abb. 47). Im Oktober 1997 wurden die Reifen von Unbekannten entfernt, so daß sie ersetzt werden mußten. Aus diesem Grund zeigt sich in der Grafik eine Lücke von Oktober bis November.

In Santa Rosa sind die Reifen nach 12 Wochen wegen niedriger Niederschläge in den Monaten Juli, August und September 1997 ausgetrocknet (Juni: 287 mm, Juli: 65 mm, August: 32 mm, September: 171 mm, Oktober: 286 mm). Dies führte zum Tod der Crustaceen in den Reifen. Nach dem die Tiere neu appliziert wurden, konnte nach einem Monat wieder eine Kontrolle wie zu Beginn des Experimentes beobachtet werden (Abb. 49). Die Anzahl der Larven war in den mit Ruderfußkrebsen behandelten Reifen durchschnittlich 79 % niedriger als in der Kontrollgruppe.

Zu Beginn der Beobachtungen konnte eine Verminderung der *Aedes*-Larven in Heredia beobachtet werden, aber die Copepoden wurden möglicherweise durch eine Herbizidanwendung im August 1997, nahe dem Freilandexperiment, geschädigt. Die Anzahl der *Toxorhynchites*-Larven ist im gleichen Zeitraum ebenfalls zurückgegangen, möglicherweise aus demselben Grund. Allerdings korreliert dieses Ereignis auch mit einem Zeitraum niedriger Niederschläge (Juni: 254 mm, Juli: 40 mm). Im Oktober 1997 war es erforderlich, die Ruderfußkrebse erneut zu applizieren. Tabelle 12 zeigt einen Durchschnitt von 29.6 Copepoden pro Reifen, aber 6 von 10 Reifen enthielten keine lebenden Crustaceen mehr. Die *Aedes aegypti*-Larven wurden in Heredia durchschnittlich um 90% reduziert (Abb. 48). Abb.47 bis 49 zeigen die statistische Signifikanz (T-Test) der *Aedes aegypti*-Kontrolle.

Die Entwicklung der Population der *Toxorhynchites*-Larven kann in Abb. 50 bis 52 gesehen werden, in denen auch die statistische Signifikanz der Abweichung der mit Copepoden behandelten Reifen von der Kontrollgruppe verzeichnet ist. *Toxorhynchites* zeigte in mit Ruderfußkrebsen behandelten Reifen um 43%, 39% und 22% niedrigere Individuenzahlen (EARTH, Heredia und Santa Rosa). Diese räuberische Mücke war an allen Orten sehr häufig, die Populationsdichten waren jedoch in der tropisch feuchten Region der EARTH am höchsten.

Die Mücken der Gattung *Culex* waren in ihrer Populationsdynamik sehr uneinheitlich. In Santa Rosa wurde *Culex allostigma* von den Copepoden um 54% reduziert, aber in Heredia und EARTH war die Individuenzahl von *Culex pipiens* und *Culex allostigma* um jeweils 34.2 % und 22.3 % höher, wobei allerdings die Signifikanz sehr gering war (Abb. 53 bis 55).

TABELLE 12: Überlebende Copepoden in Autoreifen und Bromelien an drei verschiedenen Orten von April 1997 bis April 1998. Bambusinternodien wurden hier nicht berücksichtigt, da die Copepoden in ihnen nicht überlebten.

			Apr	Mai	Jun	Jul	Aug	Sep	Okt	Nov	Dez	Jan	Feb	Mar	Apr
EARTH	Reifen	Mw	+20	23.5	29	28.5	43	48	28.3	ND	+20	117.1	83.3	201	389.3
		+/-	0	9.5	10	18.4	42.5	33.3	14.4		0	167.2	106.6	300	576.9
	Brom.	Mw	+20	16.1	18.9	15.7	9.2	3.6	0	ND	0	0	0	0	0
		+/-	0	6.7	8.9	7.2	6.9	3.6	0		0	0	0	0	0
Heredia	Reifen	Mw	-	+20	18.2	ND	9	29.6	+20	38.7	32	23.3	-	-	-
		+/-	-	0	10.9		6.5	17.6	0	32	21.8	20.5	-	-	-
	Brom.	Mw	-	+20	12.5	ND	5.4	0	0	0	0	-			
		+/-	-	0	8.6		5.4	0	0	0	0	-			
Sta Rosa	Reifen	Mw	-	-	+20	26.9	193.8	+20	50	74	52.5	-	-	-	-
		+/-	-	-	0	13.9	463.7	0	30.3	112.2	53.1	-	-	-	-
	Brom.	Mw	-	-	+20	6.5	5	0	0	0	0	-	-	-	-
		+/-	-	-	0	1.7	0	0	0	0	0	-	-	-	-

Mw = Durchschnittliche Anzahl von *Mesocylops thermocyclopoides*
Brom. = Bromelien
+/- = Standardabweichung
+20 = 20 Copepoden werden pro Behälter ausgebracht
- = Behälter trocken
ND = Keine Daten

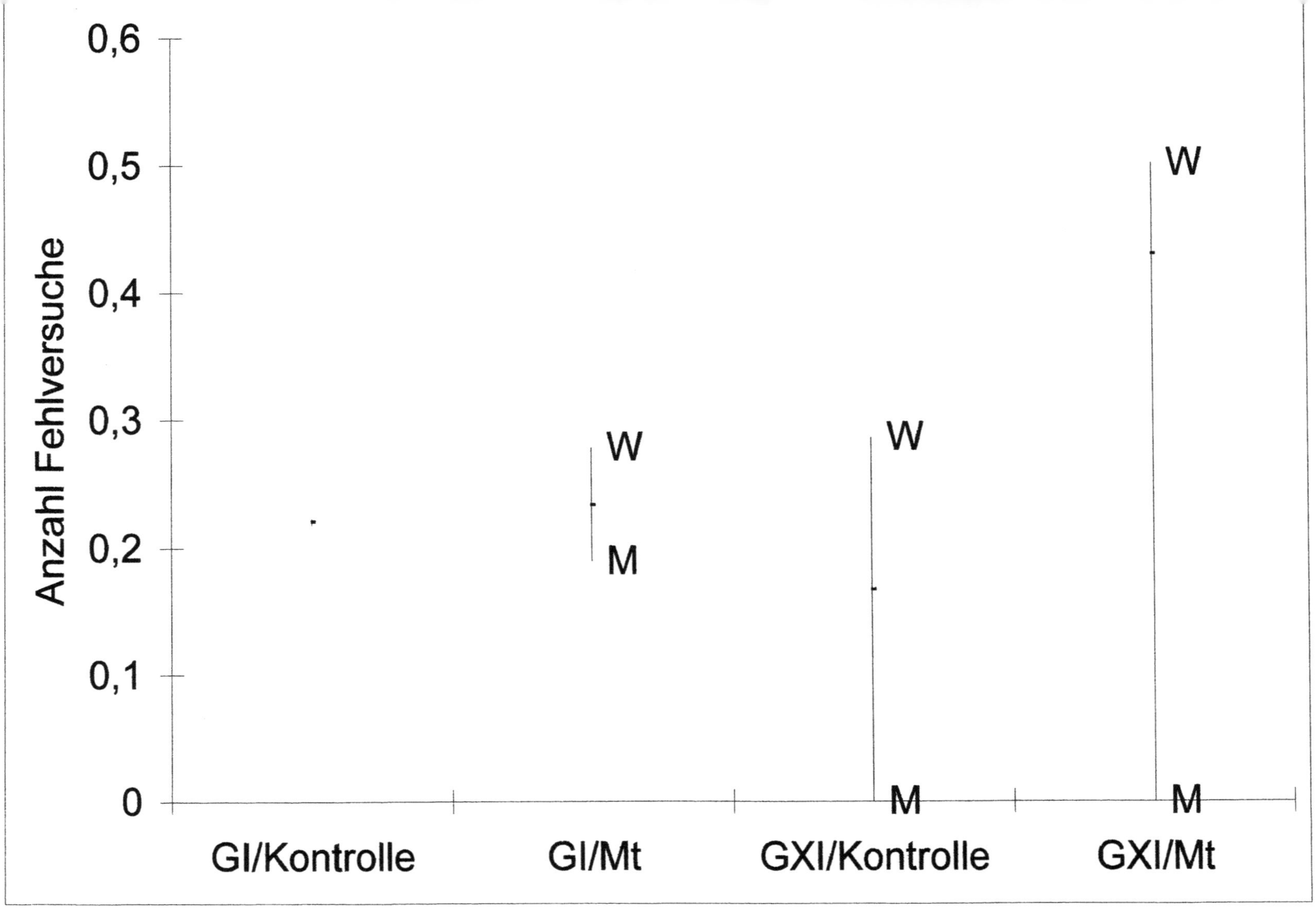

ABB. 43: Springspinnenversuch: Anzahl von Fehlversuchen bei der Jagd auf adulte Mücken. M: Männchen, W: Weibchen.

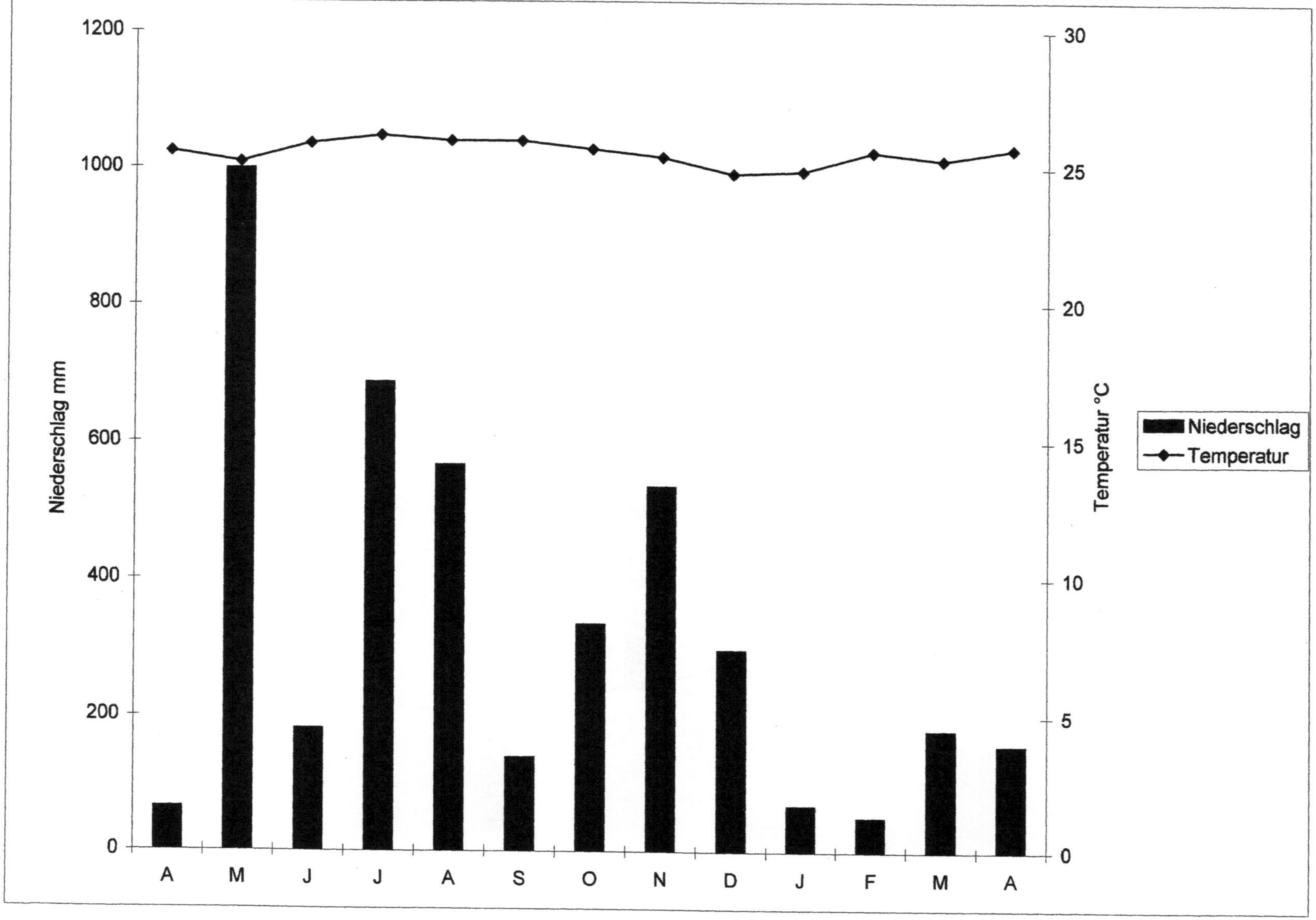

ABB. 44: Klimadiagramm EARTH.

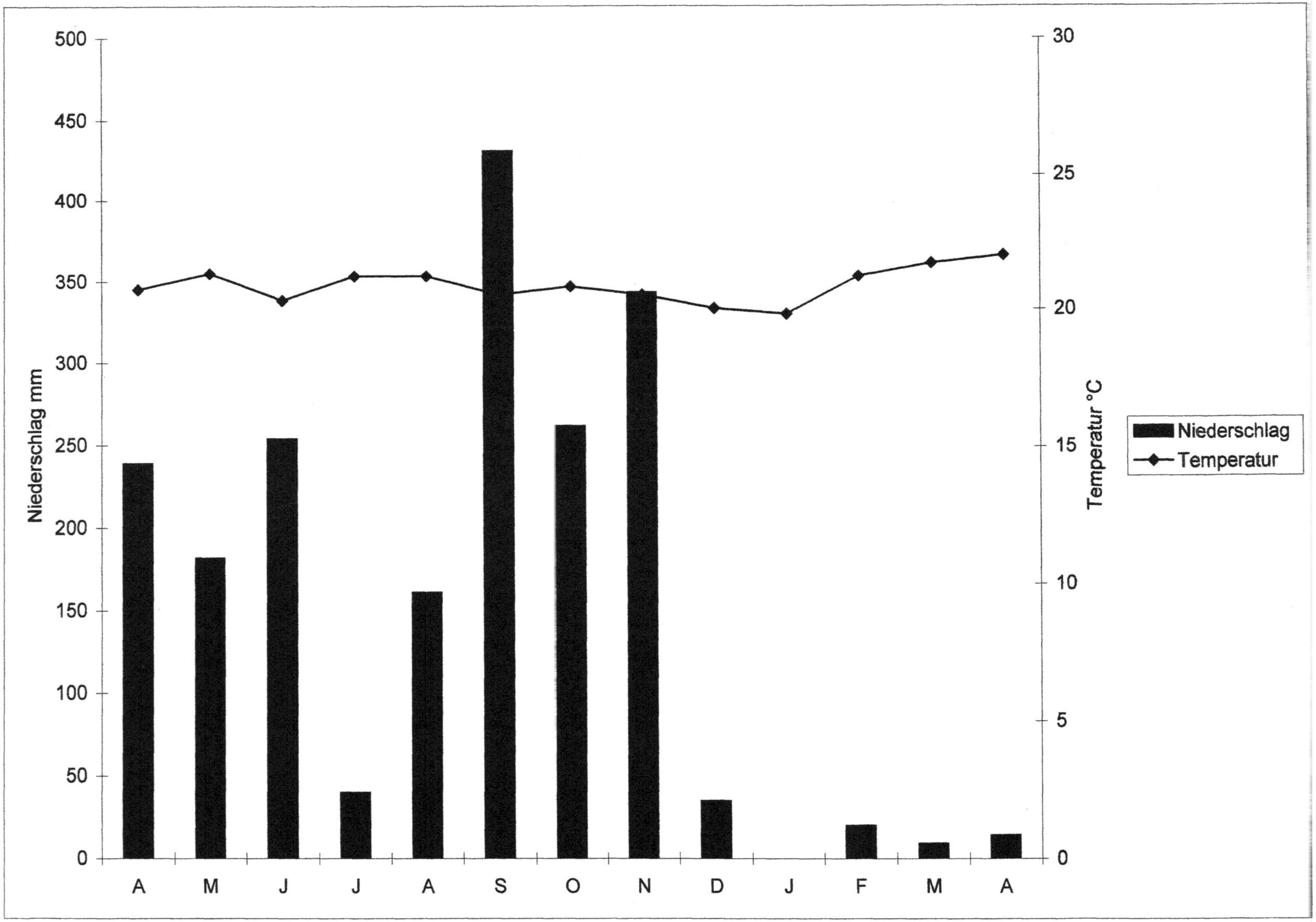

ABB. 45: Klimadiagramm Heredia

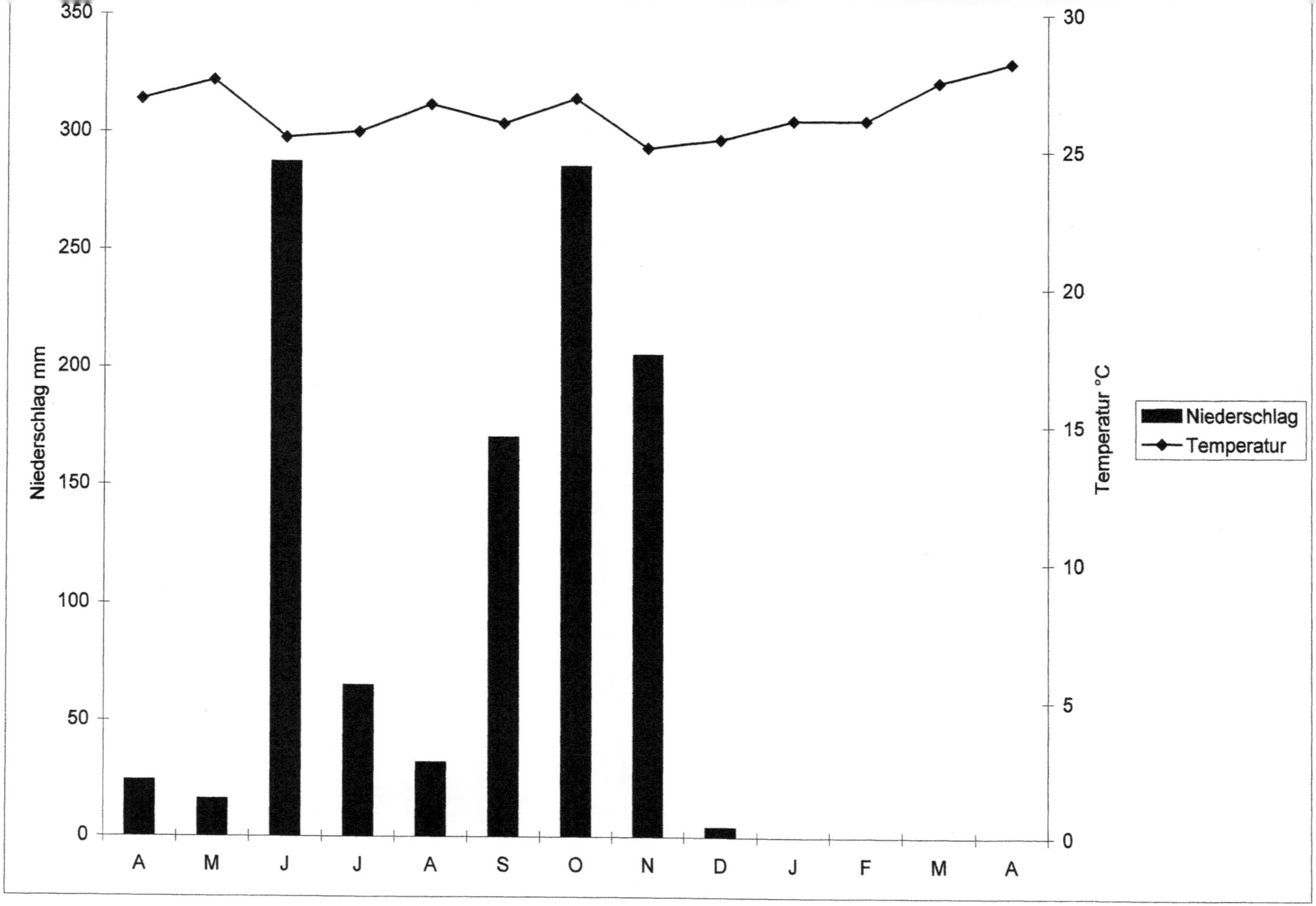

ABB. 46: Klimadiagramm Santa Rosa

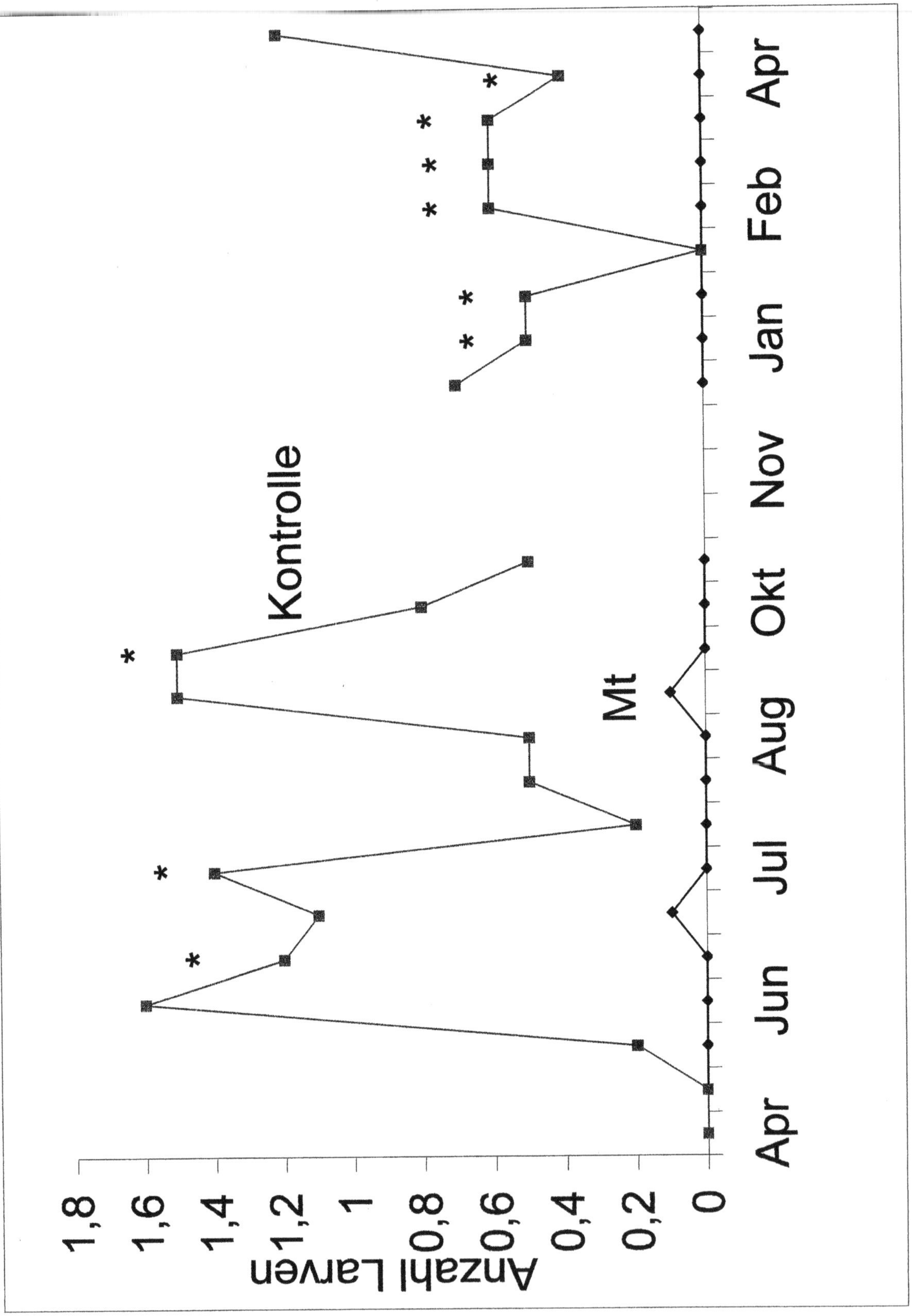

Anzahl Larven
1,8
1,6
1,4
1,2
1
0,8
0,6
0,4
0,2
0
Apr
Jun
Jul
Aug
Okt
Nov
Jan
Feb
Apr
Kontrolle
Mt

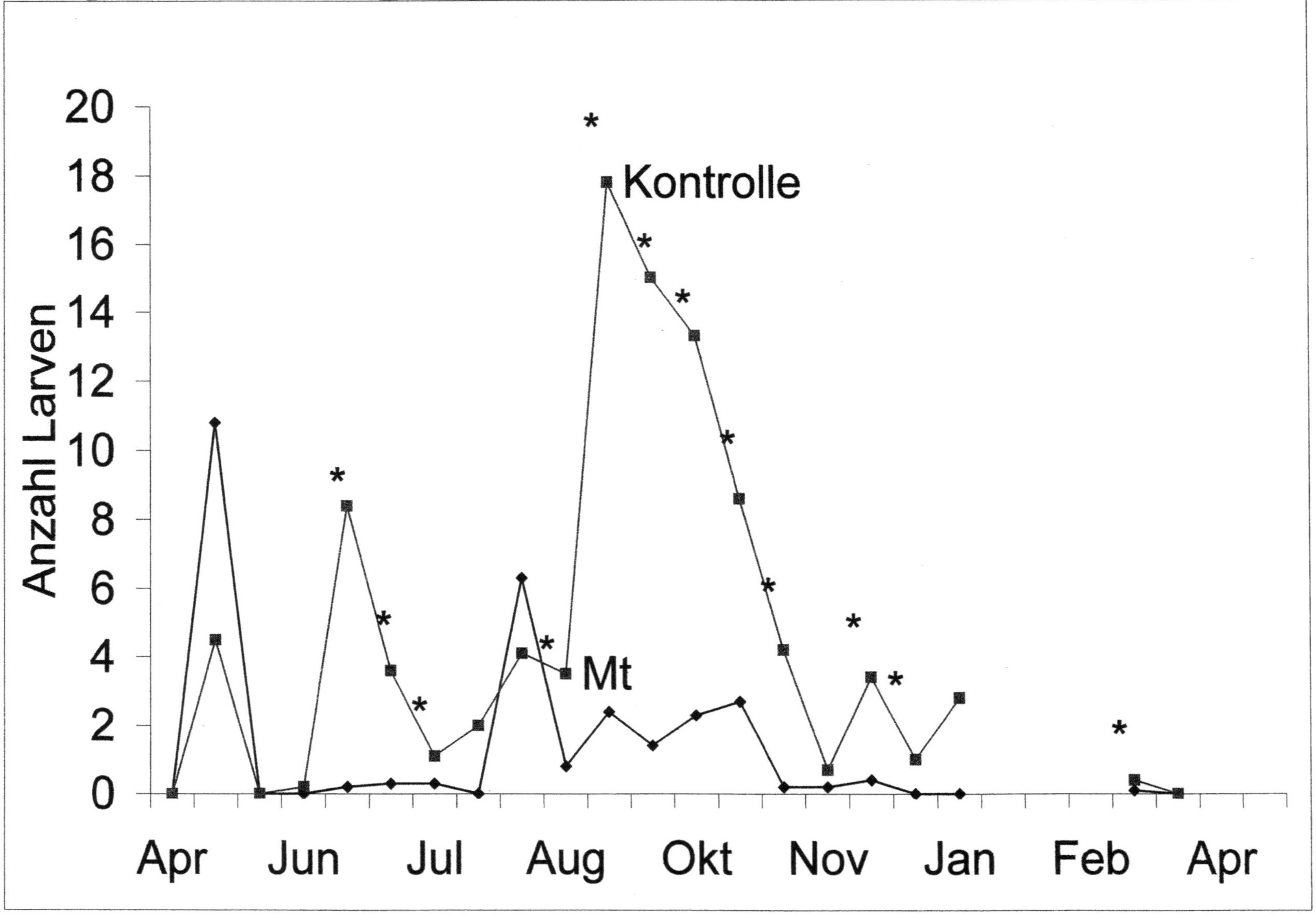

ABB. 48: *Heredia: Aedes aegypti* Population (Reifen). Die Sterne (*) geben signifikante Abweicungen an (T-Test, p=0.05).Mt = mit Copepoden.

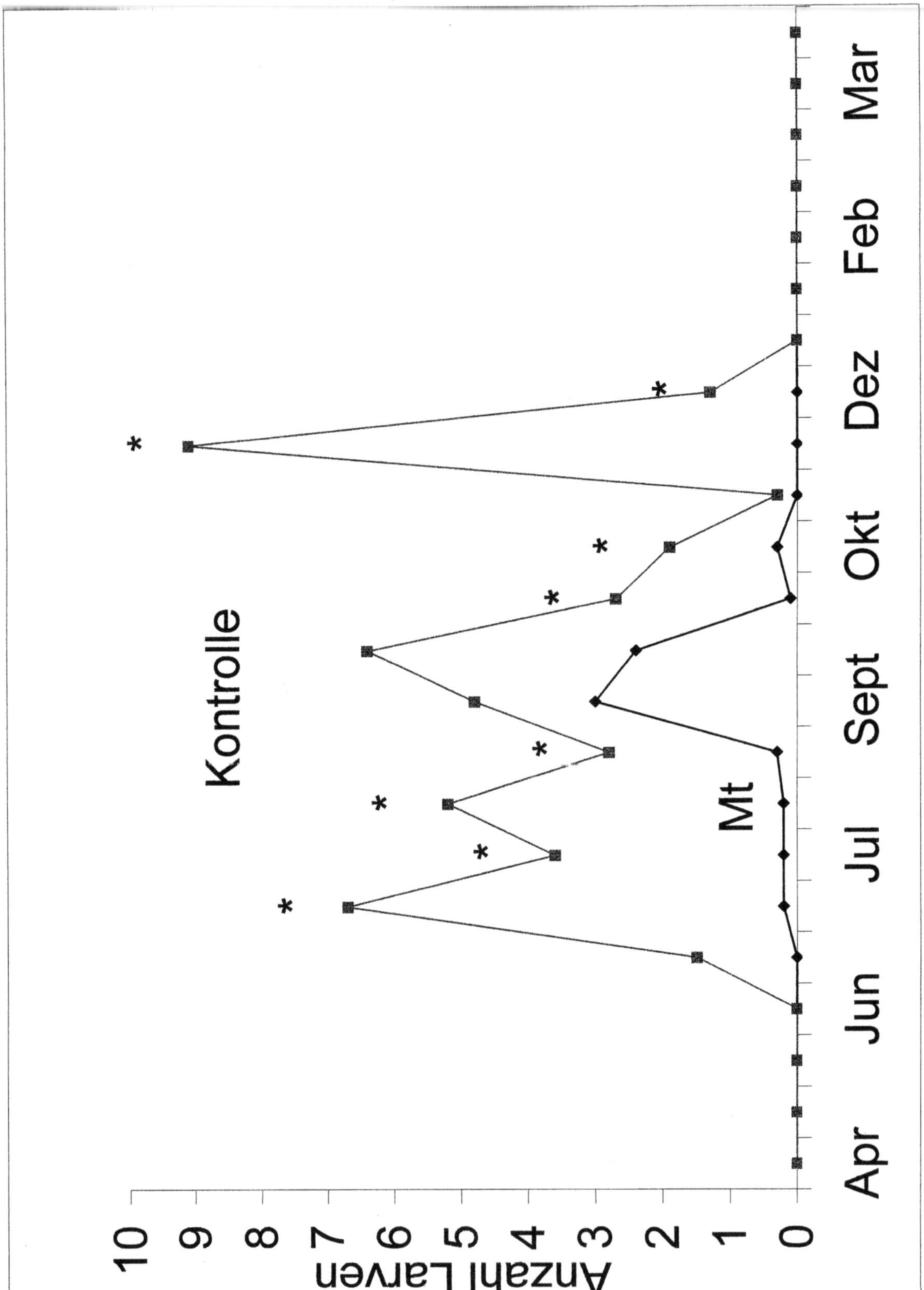
Anzahl Larven
10
9
8
7
6
5
4
3
2
1
0
Apr
Jun
Jul
Sept
Okt
Dez
Feb
Mar
Kontrolle
Mt

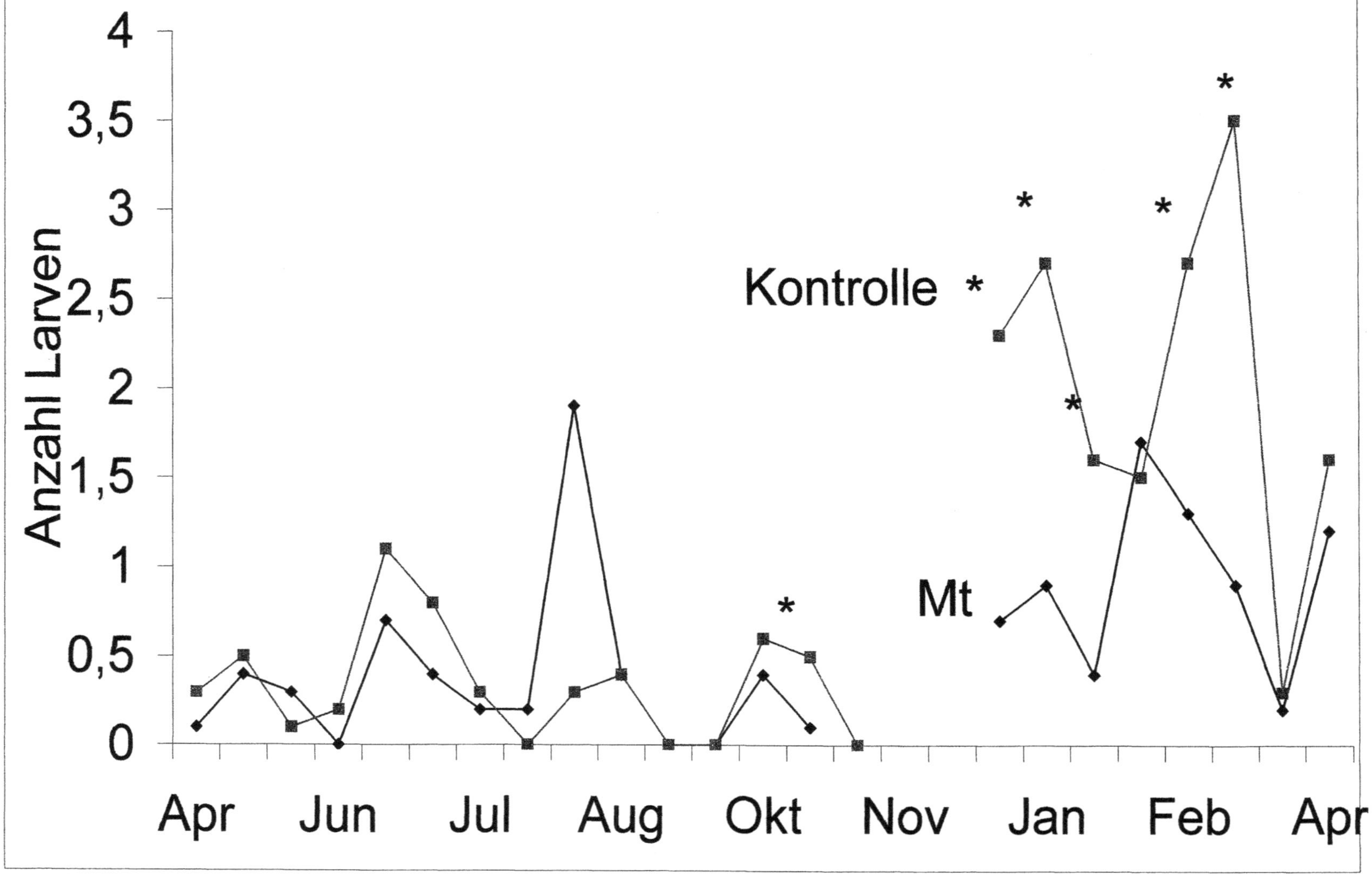

ABB. 50: *EARTH: Toxorhynchites*- Population (Reifen). Die Stern (*) geben signifikante Abweichungen an (T-Test, p=0.05). Mt = mit Copepoden .

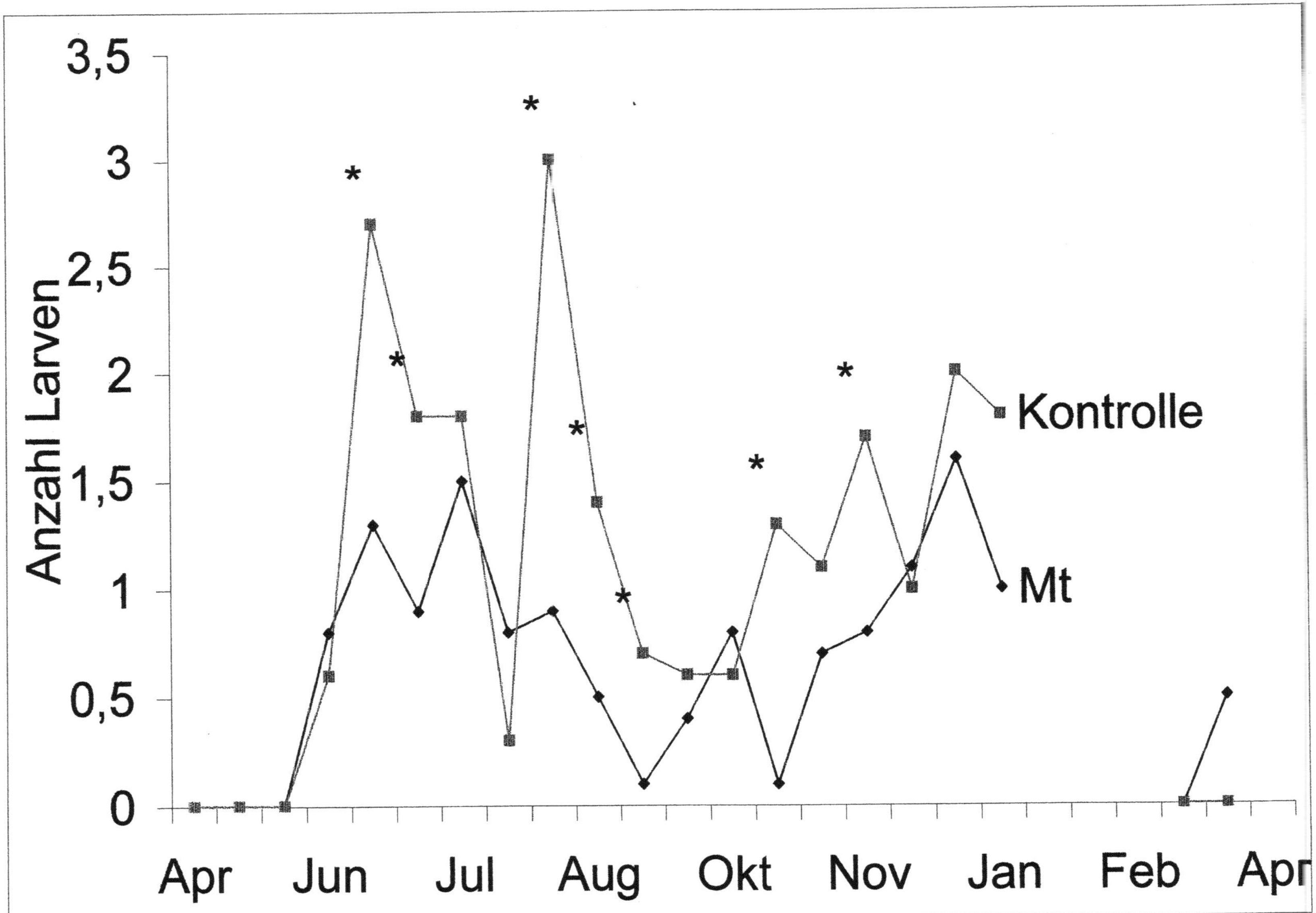
Anzahl Larven
3,5
3
2,5
2
1,5
1
0,5
0
Apr
Jun
Jul
Aug
Okt
Nov
Jan
Feb
Apr
Kontrolle
Mt

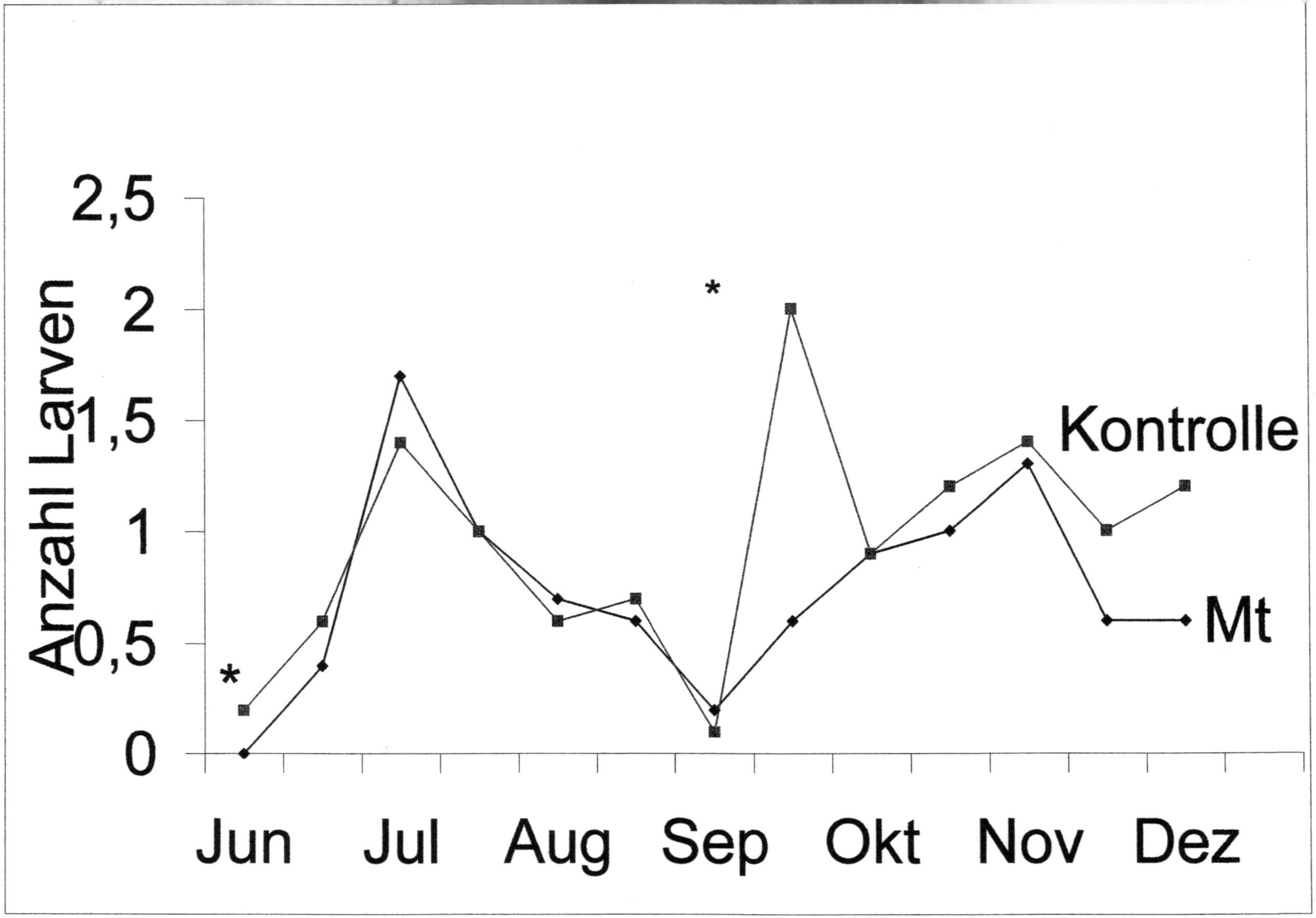

ABB. 52: *Santa Rosa:Toxorhynchites* Population (Reifen). Die Sterne (*) geben signifikante Abweichungen an (T-Test, p=0.05). Mt = mit Copepoden.

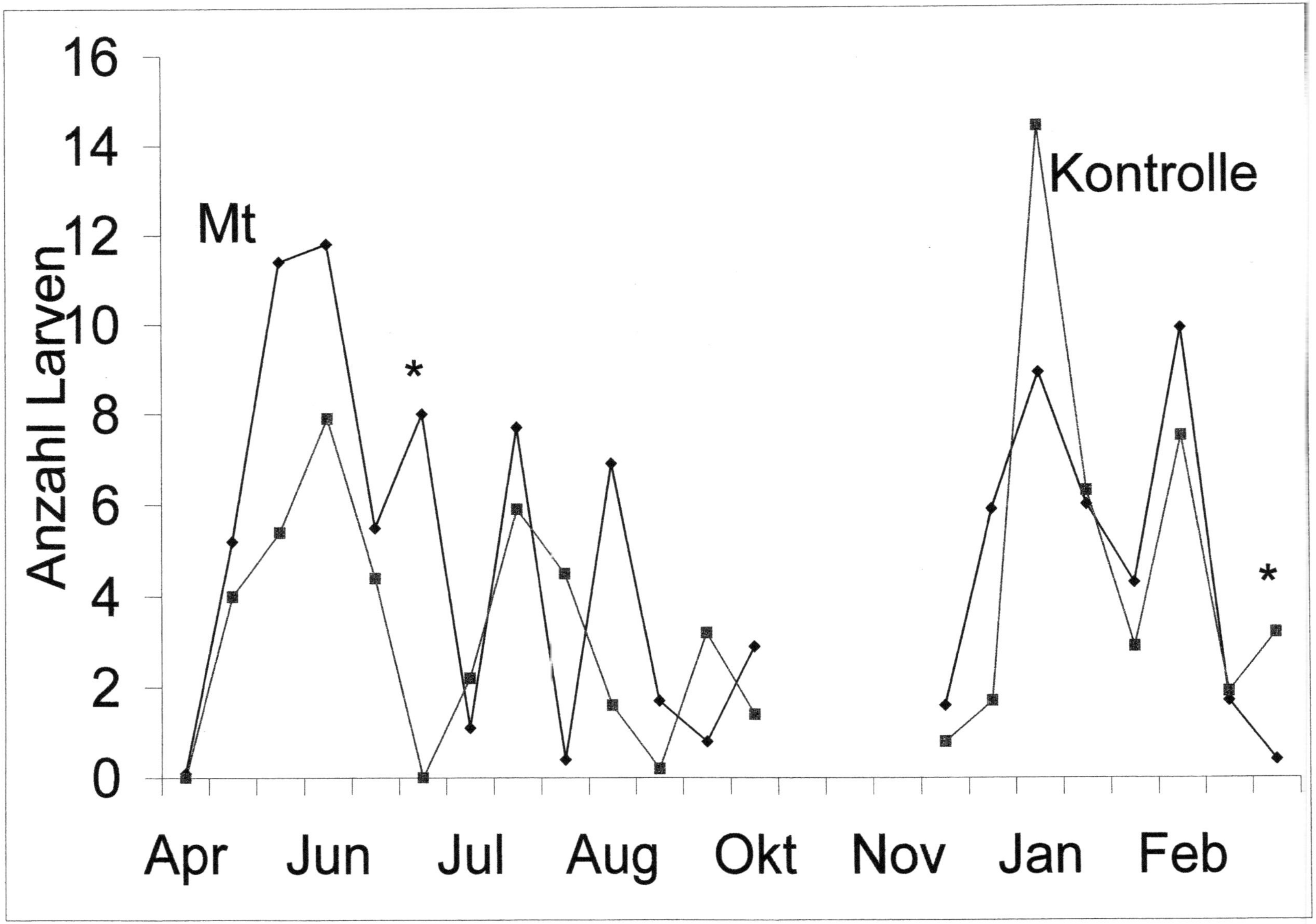

ABB. 53: *FARTH: Culex* Population (Reifen). Die Sterne (*) geben signifikante Abweichungen an (T-Test, p=0.05). Mt = mit Copepoden.

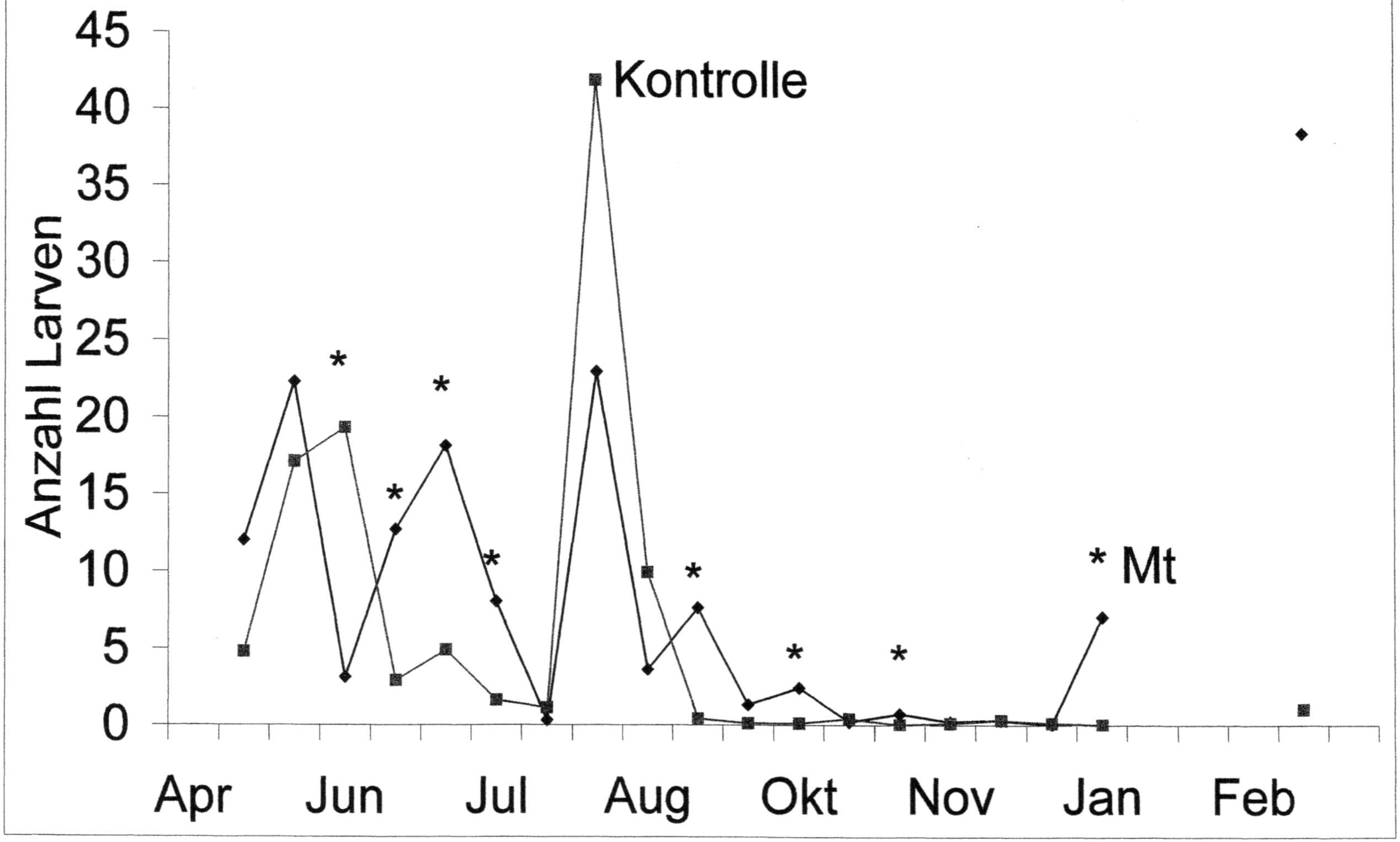

ABB. 54. *Heredia: Culex* Population (Reifen). Die Sterne (*) geben signifikante Abweichungen an (T-Test, $p=0.05$). Mt = mit Copepoden.

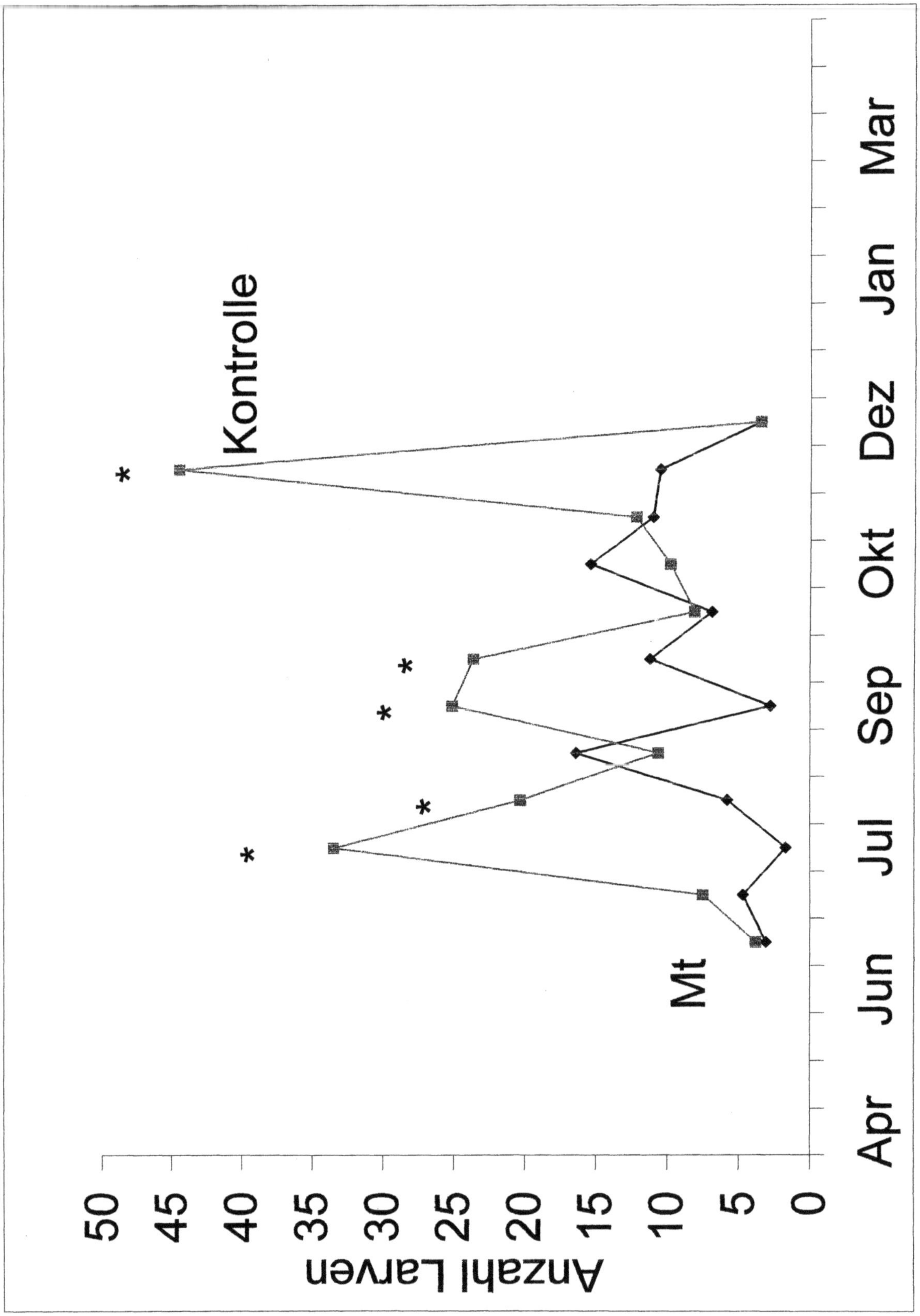
Anzahl Larven
50
45
40
35
30
25
20
15
10
5
0
Apr
Jun
Jul
Sep
Okt
Dez
Jan
Mar
Kontrolle
Mt
*
*
*
*
*

Der Copepode *Mesocyclops thermocyclopoides* war in der Lage unter Feldbedingungen in typischen Moskitohabitaten wie gebrauchten Autoreifen und Bromelien zu überleben. MARTEN *ET AL.* (1994) beobachteten in Honduras eine Überlebensrate von 74 % nach 30 Wochen in Fässern. Hier zeigte sich, daß die Tiere zufriedenstellend in Bromelien überleben können, solange die Pflanzen nicht austrocknen. Außerdem zeigte sich, daß die Ruderfußkrebse bis zu 6 Monate (EARTH) in Reifen überleben können. Die Überlebensfähigkeit von *Mesocyclops thermocyclpoides* in Bromelien ist besonders dann von Interesse, wenn *Aedes aegypti*, wie von CHADEE *ET AL.* 1998 auf der Karibikinsel Trinidad nachgewiesen, in Phytothelmen lebt. Die Autoren berichteten, daß nachdem in groß angelegten Säuberungsaktionen alle künstlichen Behälter entfernt wurden, die Mücken ihre Eier in andere Wasseransammlungen legten, wie etwa in Bromelien, Felstümpel, Kokosnüsse, Papaya-Stümpfe, Astlöcher und Kalabassen. Nach den hier gemachten Beobachtungen können Copepoden möglicherweise in derartigen Behältern zur Kontrolle von *Aedes aegypti* beitragen, sofern sie keine anaeroben Bedingungen aufweisen, aber weitere Beobachtungen sind zur Bestätigung erforderlich.

Die Reduzierung der *Aedes*-Larven in deren typischen Brutstätten über einen langen Zeitraum hinweg ist sicherlich eine der interessantesten Beobachtungen, die hier gemacht wurden. Solange die Experimente nicht gestört wurden, konnten die Copepoden eine effektive Kontrolle der Larven in den Autoreifen von 90-99% aufrecht erhalten. Sogar in Santa Rosa, dem trockensten Standort, waren die Crustaceen in der Lage 3 Monate lang zu überleben. Dies ist ein längerer Zeitraum als der, der mit herkömmlichen Larviciden wie Methopren oder *Bacillus thuringiensis* var. *israelensis* erreicht werden kann (TIETZE *ET AL.* 1994).

1997 war es im Zentraltal und der Pazifikregion Costa Ricas ungewöhnlich trocken, da ein *El Niño*- Phänomen das klimatische Gleichgewicht gestört hat. In den Monaten Juni, Juli und August wurde der Mangel an Niederschlägen außerdem durch hohe Temperaturen verstärkt. (Durchschnittstemperatur August: 26.7 °C, 1.2 °C wärmer als Juni). Ähnliche Beobachtungen wurden von DRACUP & PIECHOTA (1996) gemacht. Die Folge war eine hohe Mortalität von *Mesocyclops thermocyclopoides* im August, da die Reifen austrockneten.

Nachdem die Regenfälle erneut einsetzten, konnten sich die austrocknungsresistenten *Aedes aegypti*-Eier in den Autoreifen entwickeln, ohne daß Predatoren vorhanden waren. Es war deshalb erforderlich, die Copepoden im September erneut einzusetzen. Auch die Anzahl der räuberischen *Toxorhynchites*-Larven ist in diesem Zeitraum zurückgegangen, wie in Abb. 52 zu sehen ist. Dies weist darauf hin, daß diese Art in *El Niño*-Jahren von Populationsrückgängen betroffen ist. Mit dem Einsetzen der Trockenzeit im Dezember kam es zum erneuten Austrocknen der Reifen in Santa Rosa und kurze Zeit später auch in Heredia, was zum Tod sämtlicher Larven und Copepoden führte. In Heredia schlüpften bei einigen sporadischen Regenfällen im Januar und Februar erneut einge Larven aus den austrocknungsresistenten Eiern und konnten sich ohne Copepoden entwickeln. Auch CHADEE (1991) und BARRIENTOS-SÁNCHEZ *ET AL.* (1992) konnten erhebliche Schwankungen in der Population in der Trocken- und Regenzeit feststellen.

STOOF (1982) berichtete von einer generell hohen Toleranz von *Aedes aegypti* gegenüber vielen Chemikalien. Ruderfußkrebse sind dagegen sehr sensibel gegenüber jeder Art chemischer Verunreinigung. In Heredia hat möglicherweise die Anwendung eines Herbizides zu einer erheblichen Verminderung in der *Mesocyclops thermocyclopoides*-Population geführt, während die *Aedes aegypti*-Larven ungehindert überleben konnten. Aus diesem Grund kann die Anwendung dieser Chemikalien zu Problemen führen, wenn Copepoden als Kontrollmaßnahme angewendet werden sollen.

An allen Standorten konnten hohe Individuenzahlen von *Toxorhynchites* (Abb. 56) beobachtet werden, wobei in der EARTH die meisten Larven gefunden wurden. Wie in Abb. 50 bis 52 zu sehen ist, ist die Anzahl der *Toxorhynchites*-Larven in Reifen mit Copepoden bis zu 43 % niedriger. Möglicherweise ist dies darauf zurückzuführen, daß die Ruderfußkrebse die Zahl der anderen Mückenlarven vermindern und auf diese Weise die Nahrungsmenge für die räuberischen *Toxorhynchites* reduzieren (SCHAPER 1999). Da *Toxorhynchites* jedoch kanibalistisch ist (pers. Beob., Beobachtung von ANNIS & RUSMIARTO 1988), könnten sie diesen Nahrungsmangel durch eine erhöhte Jagd auf Artgenossen kompensieren. Es wird jedoch vermutet, daß sich dies nicht schwerwiegend auf die Anzahl der adulten Tiere auswirkt, da in jedem Behälter nur ein Individuum das Puppenstadium erreicht, unabhängig davon, ob Copepoden vorhanden waren oder nicht. Copepoden und *Toxorhynchites* scheinen daher für die Stechmückenkontrolle kompatibel zu sein, was auch von BROWN *ET AL.* (1996) beobachtet wurde. *Toxorhynchites* alleine kann eine Mückenpopulation zwar reduzieren, eine erfolgreiche Kontrolle findet jedoch nicht statt (ANNIS *ET AL.* 1989). In urbanen Zonen sind diese Predatoren jedoch nicht immer regelmäßig anzutreffen, da sie ihre Eiablageplätze bevorzugt in der Nähe von Bäumen oder Bambus suchen (JORDAN & HUBBARD 1991).

Das uneinheitliche Verhalten der *Culex*-Populationen in Reifen mit Ruderfußkrebsen ist interessant. *Culex allostigma* wurde in Santa Rosa um mehr als 50 % vermindert, aber in Heredia und EARTH war die Individuenzahl sogar höher als in der Kontrollgruppe. In Heredia war *Culex pipiens* die dominante Art, die möglicherweise nicht von *Mesocyclops thermocyclopoides* angegriffen wird. Außerdem kann diese Art möglicherweise besser überleben, da die Copepoden die konkurrierenden *Aedes*-Larven töten und so mehr Futter und Lebensraum vorhanden ist.

In Santa Rosa und EARTH war *Culex allostigma* die dominierende Art, deren Larven möglicherweise wegen ihres filigraneren Körperbaus leichter von den Crustaceen gefressen werden könnten, was besonders in Santa Rosa zu sehen war, allerdings war die Verminderung nicht stark genug, so daß keine effektive Kontrolle von *Culex allostigma* festgestellt werden konnte. In der EARTH waren die Beobachtungen nur von geringer statistischer Aussagekraft (Abb. 53), so daß deshalb keine eindeutige Interpretation möglich ist.

Die Entfernung der während des Experimentes benutzten Autoreifen durch Unbekannte störte den Verlauf z.T. erheblich, es wird aber vermutet, daß viele Menschen diese Reifen zum Weiterverkauf sammeln, besonders, wenn sie keine größeren Beschädigungen zeigen. Diese Sammler lagern möglicherweise die Reifen bei sich zu Hause, bis sie verkauft werden können (MAZINE *ET AL.* 1996). In Costa Rica können gebrauchte Reifen noch für US $ 5-12, je nach Größe und Zustand verkauft werden (pers. Beob.). Wenn dies in von Denguefieber betroffenen Regionen geschieht, sind diese Sammler und ihre Familien besonders exponiert, da die Reifen bereits *Aedes aegypti*-Larven enthalten können.

Es wird vermutet, daß *Mesocyclops thermocyclopoides* eine Copepodenart ist, die in der Moskitokontrolle in Costa Rica mit Erfolg eingesetzt werden könnte, obwohl sie geringere Predationsraten als andere Arten aufweist, da sie unter den erschwerten Bedingungen des *El Niño*-Jahres 1997-98 sich als fähig erwiesen hat die *Aedes aegypti*-Larvenpopulationen erheblich zu vermindern.

ABB. 56: Eine Larve von *Toxorhynchites* sp. frißt eine *Aedes aegypti*-Larve .

7. Kombinationsmöglichkeit von Copepoden mit anderen Vektorkontrollmaßnahmen

7.1. Niem

Einführung

Copepoden lassen sich mit verschiedenen anderen Maßnahmen zur Kontrolle von *Aedes aegypti* kombinieren, wie etwa mit *Bacillus thuringiensis*, *Bacillus sphaericus* oder *Toxorhynchites* sp. (TIETZE *ET AL.* 1994, BROWN *ET AL.* 1996). Aus diesem Grund ist es interessant zu wissen, ob sich diese Tiere auch mit weiteren Methoden zusammen anwenden lassen.

Die aus dem Niem-Baum (*Azadirachta indica* Juss) gewonnenen Extrakte werden als natürliches Insektizid gegen eine Reihe von Schädlingen verwendet. Die Substanz wird zum Beispiel im Zierpflanzenanbau verwendet und fiel bisher durch ihre gute Umweltverträglichkeit auf. Niem wirkt in den üblicherweise verwendeten Konzentrationen nicht toxisch auf Fische und Landwirbeltiere wie etwa Amphibien und Säugetiere (NOVAK 1993). Eine Wirkung wurde auch auf verschiedene Arten von Moskitos beobachtet. NOVAK (1993) beobachtete Toxidität dieses Pflanzenextraktes auf *Aedes* sp. und *Culex pipens*, wobei Azadirachtin die Aktivität der Ecdysonmonoxigenase inhibiert (MITCHELL *ET AL.* 1997).

In Costa Rica wurde 1997 ein alkoholischer Extrakt der Früchte unter dem Handelsnamen BIONIM eingeführt. Dieses Produkt enthält 0.3 % Azadiraktin sowie Emulatoren und Benetzungsmittel.

Sollte es möglich sein, Niem mit Copepoden zu kombinieren, wäre eine sehr effektive und umweltfreundliche Methode zur Kontrolle von Moskitos geschaffen. Das Niem-Präparat würde in diesem Fall einen schnellen Effekt auf die Verpuppung der Larven haben und zu einer zügigen Reduktion der Population beitragen. Der langfristige Effekt der Copepoden-Predation würde für die Nachhaltigkeit der Methode sorgen.

Um festzustellen, ob es möglich ist Copepoden und Niem gemeinsam als Bekämpfungsmaßnahme anzuwenden, ist es erforderlich zu testen, ob Niem auf Copepoden in den für Mücken giftigen Mengen toxisch wirkt.

MATERIAL UND METHODEN

1. Laborversuche

Um die Toxidität des BIONIM-Extraktes auf *Aedes aegypti* zu bestimmen, wurde eine Verdünnungsreihe erstellt. Je 10 *Aedes aegypti* jedes Larvenstadiums und Puppen wurden in jeder Verdünnungsstufe der Substanz ausgesetzt. Das Volumen in jedem Ansatz betrug 50 ml. Die Temperatur lag zwischen 20 und 22 °C.

2. Feldversuch

Folgender Versuchsaufbau wurde durchgeführt, um die Kombination von Copepoden mit BIONIM zu testen und gegenüberzustellen:

10 Reifen:	1/100 BIONIM		
10 Reifen:	1/100 BIONIM + 50 Copepoden		
10 Reifen:		50 Copepoden	
10 Reifen:			keine Behandlung (Kontrolle)

Dieses Experiment wurde in der Finca der Universidad Nacional in Heredia in den Monaten September und Oktober 1997 beobachtet (Klima: siehe Abb 45). Alle 2 Wochen wurde die Anzahl aller Moskitolarven (3. und 4. Stadium) und der Puppen gezählt. Anhand der Laborversuche wurde eine optimale Konzentration für die Anwendung im Feldversuch ermittelt.

ERGEBNISSE

1. Laborversuche

Die Laborversuche zeigten, daß die Puppe von *Aedes aegypti* extrem empfindlich gegenüber Niem ist. Auch bei einer Verdünnung von 1/1000 wurden 100 % Mortalität erreicht. Die Larven zeigten erst bei erheblich höheren Konzentrationen eine erhöhte Sterblichkeit, wie anhand der Tabellen gesehen werden kann. *Mesocyclops thermocyclopoides* toleriert dagegen Konzentrationen, die für die Puppen und die meisten Larven (4.Stadium) tödlich sind. Bei einer Verdünnung von

1/100 überlebten alle Individuen, bei 1/16 überlebten 7 von 10 nach 8 Tagen. Bei einer Konzentration von 1/100 kam es ebenfalls zu seiner Schädigung beim 4. Stadium (4 von 10 Larven starben nach 96h). Aus diesem Grund wurden Feldversuche mit BIONIM durchgeführt.

Verdünnung	g	%	24h	48h	72h	96h
½	0.15	0.3	0	0	0	0
¼	0.075	0.15	0	0	0	0
1/8	0.034	0.075	8	8	7	7
1/16	0.015	0.03	9	8	7	7
1/100	0.003	0.006	10	10	10	10
1/1000	0.0003	0.0006	9	9	9	9
0	0	0	10	10	10	10

TABELLE 13: ***AEDES* I. STADIUM + NIEM.**

Verdünnung	g	%	24 h	48h	72h
½	0.15	0.3	0	0	0
¼	0.075	0.15	2	0	0
1/8	0.034	0.075	7	2	2
1/16	0.015	0.03	9	9	9
1/100	0.003	0.006	9	9	9
1/1000	0.0003	0.0006	9	8	8
0	0	0	10	10	10

TABELLE 14 : ***AEDES* II. STADIUM + NIEM.**

Verdünnung	g	%	24h	48h	72h	96h
½	0.15	0.3	0	0	0	0
¼	0.075	0.15	0	0	0	0
1/8	0.038	0.075	0	0	0	0
1/16	0.019	0.038	7	4	3	3
1/32	0.001	0.019	7	3	2	1
0	0	0	10	10	10	10

TABELLE 15: ***AEDES* III. STADIUM+ NIEM.**

Verdünnung	g	%	24h	48h	72h	96h
½	0.15	0.3	0	0	0	0
¼	0.075	0.15	3	0	0	0
1/8	0.034	0.075	2	1	0	0
1/20	0.015	0.03	2	2	1	0
1/100	0.003	0.006	2	8	7	6
1/1000	0.0003	0.0006	8	10	10	9
0	0	0	10	10	10	10

TABELLE 16: ***AEDES* IV.STADIUM + NIEM.**

Verdünnung	g	%	24h
½	0.075	0.15	0
¼	0.038	0.075	0
1/8	0.019	0.038	0
1/200	0.001	0.019	0
1/400	0.0005	0.001	0
1/600	0.00015	0.0003	0
1/800	0.00011	0.00022	0
1/1000	0.00008	0.00016	0
	0	0	10

TABELLE 17: ***AEDES* PUPPE + NIEM.**

Nr.	g	%	24h	48h	8d
½	0.075	0.15	0	0	0
¼	0.038	0.075	0	0	0
1/8	0.019	0.038	10	10	3
1/16	0.001	0.019	9	9	7
1/100	0.00015	0.003	10	10	10
6	0	0	10	10	10

TABELLE 18: ***MESOCYCLOPS THERMOCYCLOPOIDES* + NIEM.**

g = Gramm Azadirachtin in 50 ml Lösung
% = Prozent der Lösung

2. Feldversuche

Die verwendete BIONIM-Konzentration war so berechnet, daß sowohl Larven (3. und 4. Stadium und Puppen geschädigt werden, während die meisten Copepoden bei dieser Anwendung überleben konnten. Bei den Versuchen zeigte sich nach 2 Wochen eine Reduktion der Larvenanzahl. Außerdem wurden in diesem Zeitraum keine Puppen gefunden. Allerdings erwies es sich als schwierig, die korrekte Konzentration zu wählen, die zwar ein Maximum an Moskitolarven tötet, aber dabei nicht die Ruderfußkrebse schädigt.

Wenn nur BIONIM angewendet wird, kommt es nach 8 Wochen zu einer allmählichen Angleichung der Individuenzahlen mit der Kontrollgruppe. Die Anzahl der Larven und Puppen in der Kontrollgruppe sank im Verlauf des Experimentes ebenfalls, da sich eine starke Aktivität von *Toxorhynchites*-Larven bemerkbar machte, die zu einer erheblichen Reduktion der Moskitos beitrug (Abb. 57).

Bei einer Kombination von BIONIM mit *Mesocyclops thermocyclopoides* ließ sich eine Verlängerung des Effektes beobachten, bei einer gleichzeitig schnelleren Reduktion zu Beginn des Experimentes.

DISKUSSION

Wegen der langsamen Reduktion der *Aedes aegypti*-Larven durch Copepoden ist es in vielen Fällen unabdingbar, die Tiere mit anderen Insektiziden zu kombinieren (MARTEN *ET AL.* 1994 B, TIETZE *ET AL.* 1994). Niem-Produkte können dabei von besonderem Interesse sein, weil sie besonders umweltfreundlich und nicht-toxisch gegenüber non-target-Organismen sind (NOVAK 1993). Zu berücksichtigen ist außerdem, daß die Mücken gegen immer mehr Substanzen resistent werden (BISSET *ET AL.* 1997) und deshalb sollten weitere neue Substanzen mit Insektizidwirkung getestet werden, um in der Zukunft weiterhin die Vektoren bekämpfen zu können.

BIONIM zeigt jedoch hier einige Schwierigkeiten bei der praktischen Anwendung, da die Konzentration sehr genau beachtet werden muß, um die Ruderfußkrebspopulation nicht zu sehr zu schädigen. Möglicherweise spielt es in diesem Zusammenhang eine Rolle, daß die verwendete Formulierung für den Pflanzenschutz entwickelt wurde und Benetzungsmittel und weitere Zusätze enthält, die möglicherweise für die Copepoden toxisch sind. Ähnliche Schlußfolgerungen wurden von NOVAK (1993) gezogen. Eine andere Formulierung konnte möglicherweise deutlich anwendungsfreundlicher sein. Von Interesse könnte ebenfalls eine Formulierung sein, die

Azadirachtin verzögert freigibt und so über einen längeren Zeitraum hinweg die Verpuppung der Insekten verhindert. Ähnliche Produkte werden u.a. auf der Basis des synthetischen Wachstumsregulators Methopren kommerziell angeboten (z.B. ALTOSID ®).

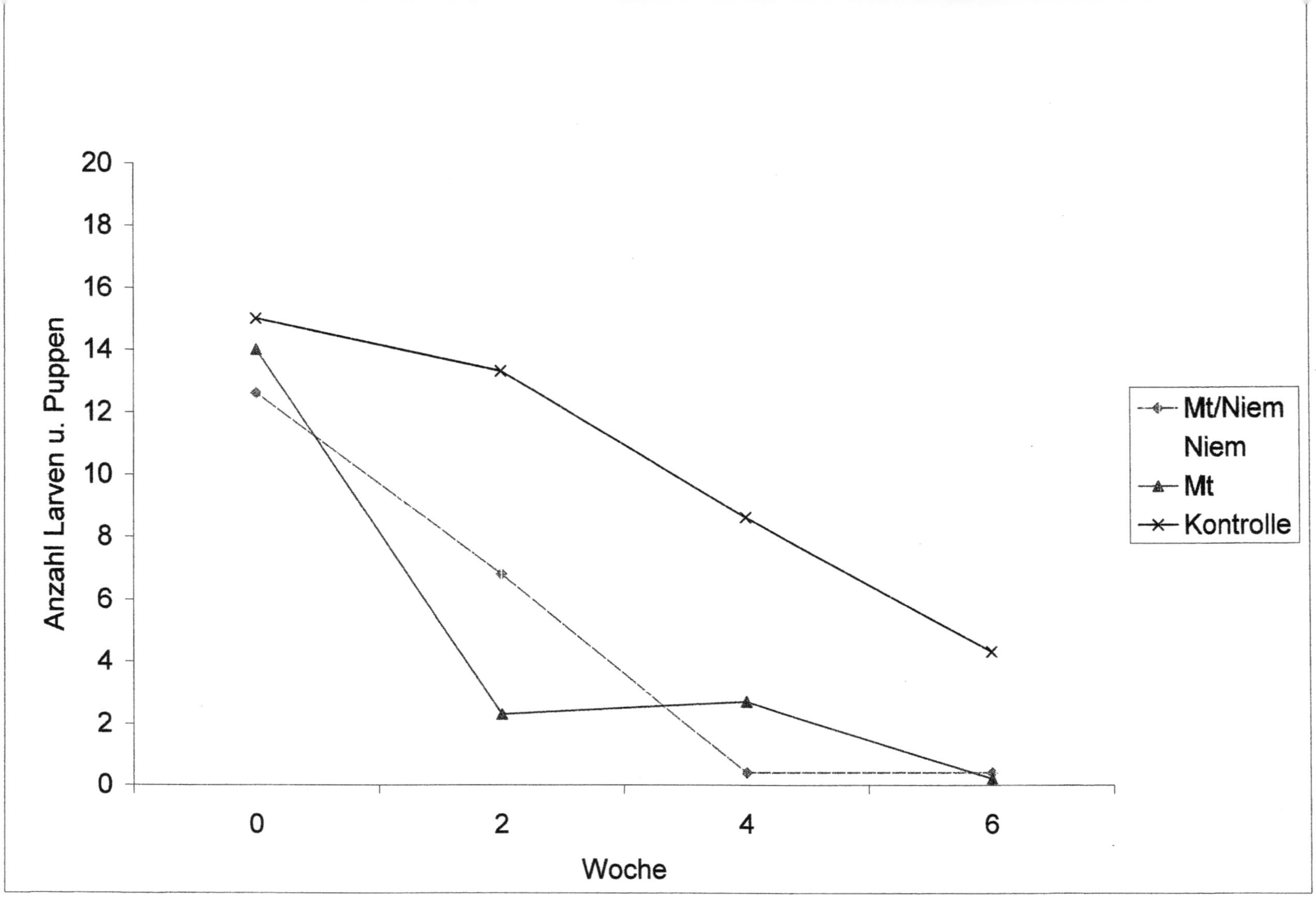

ABB.57: *Aedes aegypti* Population bei Anwendung von Copepoden (Mt) und Niem.

7.2. *Bacillus thuringiensis* var. *israelensis*

EINFÜHRUNG

Die 1976 entdeckten Bakterien der Art *Bacillus thuringiensis* var. *israelensis* (BTI) sind pathogen für die meisten Culiciden-Larven. Sie verursachen besonders bei den Stadien 3 und 4 gastrointestinale Entzündungen, die zum Tod der Tiere führen. Die Wirkung von BTI beruht auf dem δ-Endotoxin, das sich im parasporalen Kristall des Bakteriums befindet. Das Toxin ist nur aktiv, wenn es über die Nahrung aufgenommen wird, da es für die Aktivierung ein alkalisches Milieu und bestimmte proteolytische Enzyme benötigt, wie sie während der Verdauung beobachtet werden (LACY & DAME 1982). Der parasporale Kristall besteht aus drei verschiedenen Proteinen, die wahrscheinlich alle an der toxischen Wirkung beteiligt sind. Versucht man den Kristall aufzulösen, geht die larvizide Wirkung verloren (MARGALIT & DEAN 1985).

Der besondere Vorteil dieser Bakterien ist, daß sie für die meisten non-target-Organismen nicht toxisch sind (MOLLOY 1992). Bereits wenige Stunden nach einer Anwendung von BTI sterben die meisten Culiciden-Larven. Der Nachteil dieser Methode ist die Kurzlebigkeit von *Bacillus* im Wasser, besonders bei Schwankungen des pH-Wertes (LACOURSIERÉ & CHARPENTER 1988).

TIETZE *ET AL.* (1994) kombinierten in Feldversuchen Copepoden mit BTI und erzielte damit eine schnelle Reduzierung der Larven durch die akut toxische Wirkung der Bakterien und zusätzlich eine Langzeitwirkung durch die chronische Reduktion der Larven durch die Copepoden. Es wurde deshalb angenommen, daß BTI auch mit *Mesocyclops thermocyclopoides* kombinierbar sei. Um diese Hypothese zu überprüfen, wurde ein Feldversuch durchgeführt.

MATERIAL UND METHODEN

Ein Freilandversuch wurde in Santa Lucia, Heredia auf dem Gelände der Versuchsstation der Universidad Nacional, Escuela de Ciencias Agrarias durchgeführt. In einem Sekundärwald wurden 40 gebrauchte Autoreifen in 4 Gruppen mit jeweils 10 Reifen aufgebaut. Nach 2 Wochen wurde folgende Behandlung in jedem Reifen durchgeführt:

10 Reifen: 50 Copepoden

10 Reifen: 50 Copepoden + BTI

10 Reifen: BTI

10 Reifen: keine Behandlung (Kontrollgruppe)

BTI wurde in Form von Mosquito Dunks® verwendet, einer Formulierung, die Bakterien langsam freigibt und nach Angaben des Herstellers bis zu einen Monat lang wirkt. In die behandelten Reifen wurde ¼ Pellet gegeben, wie für kleine Gewässer von Hersteller empfohlen wurde.

Alle 2 Wochen wurde die Anzahl der Larven in den Reifen erfaßt indem der Inhalt der Reifen ausgeschöpft und in eine flache Schüssel gegeben wurde, in der die Tiere ausgezählt werden konnten. Die Zahl der Copepoden wurde geschätzt, indem das Wasser in einen transparenten Behälter gegeben und im Gegenlicht gezählt wurde.

ERGEBNISSE

Bei der Anwendung von BTI zeigte sich schon nach kurzer Zeit eine vollständige Eliminierung aller *Aedes*- und *Culex*-Larven. *Toxorhynchites* sp. wurde offenbar nicht durch die Bakterien geschädigt und trug ebenfalls erheblich zur Reduktion der Larven bei. In der Kontrolle fanden sich durchschnittlich 1.5 *Toxorhynchites*-Larven pro Reifen, in den BTI-Reifen 1.3 und in der Gruppe, in der BTI und Copepoden zusammen angewendet wurden 0.8 Larven pro Reifen. Werden nur die Copepoden verwendet, fanden sich 1.4 Larven pro Reifen. Die Differenzen sind jedoch statistisch nicht signifikant.

Die Copepoden überlebten hervorragend in den Reifen mit BTI. Die Anzahl der Individuen war deutlich höher als in der Kontrollgruppe. Teilweise wurden über 500 Tiere in einem Reifen nachgewiesen, was deutlich über dem lag, was für Niem beobachtet wurde. (Tabelle 19).

Nach einem Monat ließ die Wirkung der Moskito Dunks nach, so daß sich vereinzelt wieder Mückenlarven in den Reifen fanden. In den Reifen mit den Ruderfußkrebsen blieb diese Entwicklung jedoch aus, da die starke Populationentwicklung der Crustaceen für eine Reduktion der *Aedes*-Larven von 100 % sorgte (Abb. 58).

Woche	0	2	4	6	8	10
Mt	20	90	257	130	234	361
Mt-BTI	20	148	388	98	295	586
Mt	20	31	39	35	36	32
Mt Niem	20	16	21	21	29	32

TABELLE 19: Durchschnittliche Copepodenzahl in Reifen mit BTI und Niem, sowie den jeweiligen Kontrollgruppen.

DISKUSSION

Die Feldversuche zeigten hervorragende Ergebnisse bei der kurzfristigen Reduktion von *Aedes aegypti*, wenn BTI alleine angewendet wird. In Kombination mit Copepoden ist die Wirkung sogar noch besser, da die Bakterien für eine schnelle Reduktion sorgen, während die Ruderfußkrebse einen nachhaltigen Effekt ausüben, bzw. eine langfristige Reduktion ermöglichen. Ähnliches wurde von TIETZE *ET AL.* (1994) und MARTEN *ET AL.* (1994b) beobachtet. Bei der Verwendung einer flüssigen Formulierung könnte man BTI und Copepoden gemeinsam ausbringen und auf diese Art und Weise einen Arbeitsschritt einsparen und so die Kosteneffizienz erhöhen.

Hier konnte ebenfalls unter Feldbedingungen festgestellt werden, daß BTI offenbar nur einen geringen Einfluß auf die *Toxorhynchites*-Population hat. In Laborversuchen konnte dies nicht eindeutig bestätigt werden, da einzelne Individuen dieses räuberischen Moskitos nach 2 Tagen Exposition verendeten, während andere bei gleichen Bakterienmengen 3 Wochen lang überleben konnten. LACEY & DAME (1982) stellten fest, daß *Toxorhynchites rutilus* überwiegend das bereits von *Aedes aegypti* akkumulierte Endotoxin aufnimmt und anschließend sterben kann, wenn die Menge groß genug ist. Sie stellten außerdem eine geringere Sensibilität von *Toxorhynchites* gegenüber BTI fest. *Toxorhynchites* trägt in diesem Experiment sehr stark zur Reduktion der Larven bei, was im starken Abfall der Populationskurve in der Kontrollgruppe zu sehen ist.

Die BTI-Anwendung hatte auf die Mückenlarven der Gattung *Culex* einen ähnlichen Effekt wie auf *Aedes aegypti* ; die Population dieser Tiere wurde, solange BTI aktiv war, ebenfalls auf 0 reduziert. Da die Copepoden diese Larven jedoch nicht effektiv kontrollieren konnten, kam es zu einer Entwicklung dieser Tieren in den Reifen, in denen nur *Mesocyclops thermocyclopoides* angewendet wurde. Wenn BTI und Copepoden gemeinsam eingesetzt wurden, kam es zu einem verstärktem Aufkommen von *Culex*, wenn die Wirkung von BTI nach einem Monat nachließ.

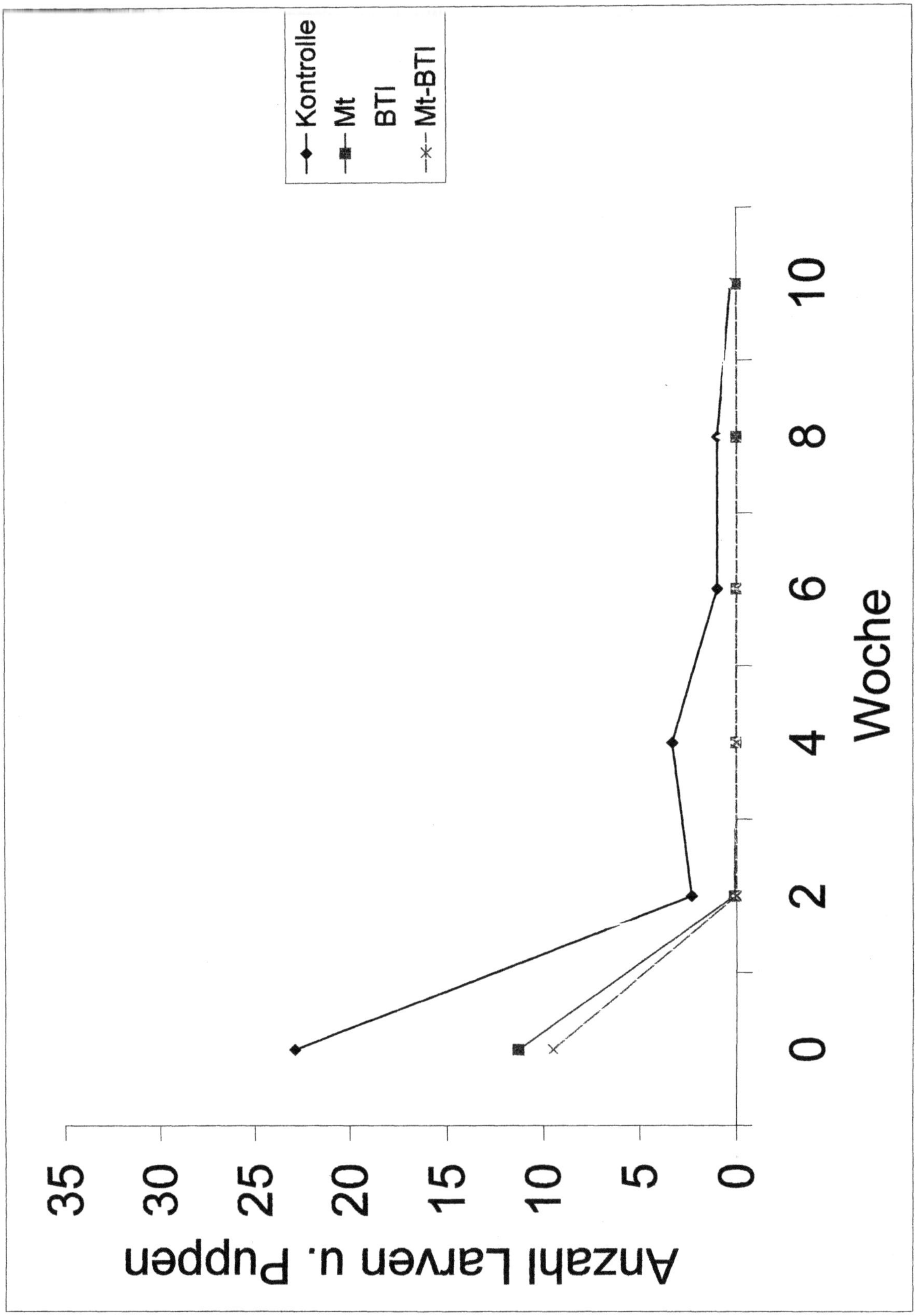
Anzahl Larven u. Puppen
35
30
25
20
15
10
5
0
0
2
4
6
8
10
Woche
Kontrolle
Mt
BTI
Mt-BTI

8. Anwendbarkeit und Akzeptanz der Methode

EINFÜHRUNG

Die Verwendung von Copepoden zur Reduktion der Stechmückenpopulation hat das Ziel den Menschen vor den Krankheitsvektoren zu schützen und die Mengen an eingesetzten Insektiziden zu reduzieren. Eine biologische Kontrollmaßnahme zeichnet sich jedoch in vielen Fällen (z.B. in der Landwirtschaft) durch einen höheren Arbeitsaufwand und häufig auch durch höhere Kosten aus, was die Akzeptanz bei den potentiellen Anwendern reduzierte. In vielen Fällen wurden biologische Kontrollmaßnahmen nur von besonders motivierten Personen durchgeführt, während andere Menschen weiterhin konventionelle Methoden benutzten.

Die Verwendung von Ruderfußkrebsen erfordert ebenfalls die Kooperation der Menschen in den behandelten Regionen. Sollen die Tiere z.B. in Wassertanks, Eimern, Reifen, etc., längere Zeit überleben, sind einige Dinge zu beachten. Wegen der Empfindlichkeit der Tiere muß auf die Anwendung von Insektiziden in der unmittelbaren Nähe vollständig verzichtet werden, auch wenn diese nicht primär gegen Moskitos eingesetzt werden, sondern die in den Tropen ebenfalls häufigen Küchenschaben oder Ameisen.

Werden Wassertanks oder andere Gefäße vollständig entleert, kommt es ebenfalls zum Absterben der Copepodenpopulation. MARTEN *ET AL.* (1994b) verteilten in einem Feldversuch in Honduras kleine Planktonnetze an Hausfrauen, damit sie beim Reinigen und Entleeren der Wassertanks vorher die Ruderfußkrebse aus dem Wasser entfernten und anschließend beim Auffüllen wieder einsetzten. Die beteiligten Personen haben diese Prozedur zunächst enthusiastisch befolgt, allerdings nahm die Motivation zu dieser Zusatzarbeit nach einigen Monaten ab.

Ebenfalls in Honduras wurden in einem Versuch carnivore Schildkröten (*Pseudemys scripta*) an die Bevölkerung verteilt, um in Wassertanks die Zahl der Mückenlarven zu reduzieren (SHERMAN *ET AL.* 1993). Die Tiere wurden von der Bevölkerung sehr gut angenommen, es gab jedoch Probleme bei der Pflege der Schildkröten.

Diese Beispiele zeigen, daß der menschliche Faktor bei einer biologischen Kontrollmaßnahme eine große Rolle spielt und auf keinen Fall vernachlässigt werden darf.

Als besonders wichtig werden folgende Punkte angesehen:

- *Wissen der Personen zum Thema Moskitos: Gefahren, Lebensweise, Bekämpfungsmethoden*
- *Welche Methoden wurden bisher zur Kontrolle angewendet ?*
- *Welche Motivation, eine neue Methode zu verwenden, ist vorhanden ? Sind die Menschen bereit, mehr Zeit und Geld aufzuwenden ?*

Nur wenn die betroffenen Menschen über die Gefahren aufgeklärt sind, die von Mücken ausgehen, werden sie bereit sein, gegen diese konsequent vorzugehen. Das Wissen über die möglichen Krankheiten, die übertragen werden, ist daher von großer Bedeutung. Ferner ermöglicht nur eine gewisse Mindestkenntnis über die Lebensweise der Mücken (aquatisches Stadium -> adultes Stadium) geeignete Aktionen gegen die Tiere (Habitat-Eliminierung, Copepoden).

Von essentieller Bedeutung ist die Frage nach der Motivation von bisherigen auf eine neue, biologische Form der Kontrolle umzusteigen. Nur wenn die Menschen tatsächlich bereit sind, Mehrarbeit und Kosten in Kauf zu nehmen, in dem Bewußtsein, daß die neue Methode Insektizide einspart, Umweltbelastung, Vergiftungen und Moskitos reduziert, kann die Methode ein Erfolg werden.

MATERIAL UND METHODEN

In 20 Haushalten in Desamparados, San José wurde eine Umfrage durchgeführt. Die ausgewählten Häuser waren äußerlich der Kategorie "unterer bis mittlerer Mittelstand" zuzuordnen.

An jeden der beteiligten Haushalte wurde ein Fragebogen verteilt, der von den beteiligten Personen ausgefüllt wurde. In besonderen Fällen, etwa bei Analphabeten, wurde der Fragebogen vorgelesen und nach den Antworten der Person beantwortet. Alle Beteiligten wurden darüber aufgeklärt, daß die Teilnahme an der Umfrage freiwillig, kostenlos und anonym war.
Folgende Fragen wurden gestellt:

I. Allgemeines Wissen über Stechmücken

1. *Wissen Sie, wo sich die Mücken entwickeln (wenn ja, wo?)?*
2. *Erklären Sie bitte, wie sich eine Stechmücke entwickelt und welche verschiedenen Etappen sie dabei durchläuft.*

3. *Warum stechen die Mücken ?*
4. *Welche Krankheiten übertragen sie ?*

II. Maßnahmen gegen Stechmücken

1. *Was tun Sie, um Mücken zu bekämpfen ?*
2. *Benutzen Sie Insektizide (wenn ja, welche ?) ?*
3. *Mit welcher Häufigkeit benutzen Sie Insektizide ?*
4. *Wieviel Geld wenden Sie jeden Monat für den Kauf von Insektiziden auf ?*
5. *Wieviel Zeit verwenden Sie jeden Monat darauf, Mücken zu bekämpfen ?*
6. *Beseitigen Sie potentielle Brutstätten der Mücken ?*
7. *Besitzen Sie ein Fahrzeug ?*
8. *Wie viele Reifen verschleißen Sie jedes Jahr ?*
9. *Was tun Sie mit den alten Autoreifen ?*
10. *Sind Sie bereit, eine alternative Methode zu verwenden, auch wenn Sie mehr Zeit und Geld investieren müßten ?*

Ergebnisse

Die Umfrageergebnisse gaben einen interessanten Einblick in die Kenntnisse der Bevölkerung über die Lebensweise der Stechmücke. 20 von 20 Befragten konnten typische Eiablageplätze des Insektes nennen. Die meisten der befragten Personen kannten zwar nicht den vollständigen Lebenszyklus der Mücke, konnten aber in 8 von 20 Fällen jeweils Larve oder Ei benennen. Nur eine Person kannte das Puppenstadium.

Von den Befragten gaben 8 an, die Insekten würden wegen Hungers die Menschen stechen, niemand wußte, daß die Mücken stechen, um Eier zu produzieren. In 19 von 20 Fällen nannten die Menschen Denguefieber als eine von Mücken übertragene Krankheit. 12 Personen nannten Malaria, eine weitere Gelbfieber.

Viele Menschen (9) greifen zum Schutz vor den Stichen zu Insektiziden wie Baygon (5), Raid, Desi, Nuvan oder Esteladon (je eine Nennung). Für diese Substanzen gaben 5 Personen weniger als US $ 2 pro Monat aus. In je 2 Haushalten wurden pro Monat US $ 4 bzw. 10 ausgegeben. In 5 Fällen werden die Insektizide je nach Bedarf verwendet. 3 Personen gaben an, sie täglich zu benutzen, je 1 mal wurde genannt, daß die Insektizide einmal wöchentlich bzw. monatlich angewendet wurden.

Einige Personen gaben an, Petroleum in der Wohnung zu versprühen oder zum Verreiben auf der Haut zu benutzen. Außerdem gaben 14 Personen an, regelmäßig mögliche Eiablageplätze zu beseitigen. In 3 weiteren Haushalten werden regelmäßig Räucherspiralen benutzt.

In 7 der 20 Haushalte war ein PKW vorhanden. Deren Besitzer gaben an, daß sie pro Jahr wegen der schlechten Straßenverhältnisse 2 bis 8 Reifen verschleißen (1x 8 Reifen, 1x 4 Reifen, 2x 2 Reifen). 3 Autobesitzer konnten keine Angaben machen.

Alle Befragten gaben an, daß sie bereit wären, neue Techniken zur Bekämpfung der Stechmücken anzuwenden, auch wenn sie mehr kosten würden oder ihre Anwendung mit mehr Zeitaufwand verbunden wäre.

DISKUSSION

Die Ergebnisse dieser Umfrage zeigen, daß die Kenntnisse der Bevölkerung über die Biologie der Mücken noch erhebliche Lücken haben. Allerdings kannten 100% der Befragten typische Brutstätten dieser Insekten, was wahrscheinlich auf die verstärkten Aufklärungskampagnen des Gesundheitsminis in den Medien zurückzuführen ist. Die verwendeten Fernsehspots, Zeitungsanzeigen und Flugblätter sollten die Bevölkerung über die Gefahren aufklären, die von kleinen Wasseransammlungen wie etwa in alten Autoreifen, verstopften Regenrinnen, Fässern und Müll ausgehen (CHANG *ET AL.* (1996) gaben das Fernsehen als wichtigste Informationsquelle zum Thema Denguefieber an). 14 von 20 Befragten gaben an, regelmäßig derartige Eiblageplätze zu beseitigen. Dies läßt darauf schließen, daß eine Minderheit der Bevölkerung möglicherweise zu einem Scheitern der Aufräumkampagnen beitragen kann, da bereits einige wenige nicht beseitigte Behälter zu einer erheblichen *Aedes aegypti*-Produktion beitragen können (FOCKS & CHADEE 1997). TUN-LIN *ET AL.* (1995a,b) berichteten sogar, daß einzelne, nicht gepflegte Grundstücke eine 3.2 mal höhere Wahrscheinlichkeit aufweisen, während eines Jahres *Aedes aegypti*-positiv zu bleiben, als daß andere *Aedes aegypti*-negative Grundstücke von der Mücke besiedelt werden.

Eine Beobachtung, die in Costa Rica gemacht wurde, stellt ebenfalls die Aufräumkampagnen in Frage: viele Menschen reinigen zwar ihre eigenen Häuser und Grundstücke, aber sehr häufig wird der anfallende Abfall auf ein benachbartes unbebautes Grundstück geworfen. Der hohe Verschleiß von Autoreifen trägt ebenfalls dazu bei, daß ständig neue Eiablageplätze entstehen. Da die städtische Müllabfuhr in der Regel größere Gegenstände wie Autoreifen, Kühlschränke etc. nicht entsorgt, und die meisen Bewohner den privaten

Transport dieses Abfalls zur Mülldeponie nicht bezahlen können oder wollen, wird diese Art von Müll in aller Regel auf „wilden Müllkippen“ entsorgt. Da sich diese meist in der Nähe von Wohnhäusern befinden, können hier sehr produktive *Aedes aegypti*-Brutstätten entstehen, obwohl die Häuser und Grundstücke als sehr sauber einzustufen sind und niedrige Breteau- und House-Indices aufweisen (Zur Überwachung der Mücken-Population benutzte Indikatoren: Breteau-Index: Anzahl *Aedes aegypti* positiver Behälter pro 100 Grundstücke ; House-Index: Anzahl *Aedes aegypti*-positiver Häuser pro 100, nach SERVICE 1985). Möglicherweise erklärt diese Beobachtung die Feststellung von ROSENBAUM *ET AL.* (1995), daß es keine Korrelation zwischen Kenntnissen sowie Bewußtsein zum Thema Dengue und der Häufigkeit des Moskitos am Wohnort des Befragten gibt. Dieselben Autoren stellten ebenfalls fest, daß Denguefieber zwar als Krankheit bekannt ist, die Hauptsorge der Menschen jedoch die nachts stechenden und somit störenden Mücken sind.

Die Verwendung von Insektiziden ist sehr weit verbreitet, wobei besorgniserregend ist, daß 30% der Benutzer die Angabe machten, sie täglich zu benutzen. Wegen der häufigen Anwendung, insbesondere von Baygon, kann es hier möglicherweise zur Bildung von Resistenzen kommen.

Als sehr positiv wird die Bereitschaft von 100 % der Befragten bewertet, alternative Methoden zur Stechmückenbekämpfung zu verwenden, auch wenn sie teurer sind oder ihre Anwendung mit einem größeren Zeitaufwand verbunden ist.

9. Anwendung in einer von Denguefieber betroffenen Region

EINFÜHRUNG

Copepoden wurden bereits in Entwicklungsländern wie Honduras und Vietnam in von Denguefieber betroffenen Gebieten angewendet. In Honduras (MARTEN *ET AL.* 1994b) wurden die Crustaceen in Trinkwassertanks eingesetzt, die dort eines der wichtigsten Brutgefäße für die Moskitos darstellen. Den Hausfrauen wurde in den behandelten Gebieten ein kleines Planktonnetz ausgehändigt, damit sie die Tiere aus dem Tank entfernen konnten, wenn dieser gereinigt wurde. Anschließend wurden die Tiere wieder in das frisch eingelassene Wasser eingesetzt. Allerdings zeigte sich bei diesem Versuch, daß die beteiligten Personen, nach anfänglich hoher Motivation, nach einigen Wochen nachlässiger wurden und oftmals vergaßen, die Copepoden aus dem Wasser zu entfernen, bevor der Tank zur Reinigung abgelassen wurde. Außerdem zeigten die verwendeten Wasch- und Desinfektionsmittel negative Auswirkungen auf die Crustaceen (RIVIERE 1998, pers. Mitt.).

In Vietnam (NAM *ET AL.* 1997) konnte erstmals seit 25 Jahren beobachtet werden, daß *Aedes aegypti* in einer Dorfgemeinschaft ausgerottet wurde. Mit Hilfe der Dorfbewohner wurden mögliche Brutstätten des Moskitos eliminiert, zusätzlich wurden Copepoden verschiedener Arten in Brutbehälter eingeführt, die nicht eingesammelt oder vernichtet werden konnten. Obwohl die Copepoden lediglich in 65 % aller möglichen Behälter nachgewiesen werden konnten, kam es zu einem Zusammenbruch der Mückenpopulation, da die Bevölkerung zusätzlich in den Häusern Insektizide versprüht hat und so eine geschätzte Mortalität von 20 % pro Tag erzeugt hat. Der Beteiligung der Bevölkerung wird auch in anderen Studien eine große Bedeutung zugemessen (DUA *ET AL.* 1997).

MATERIAL UND METHODEN

In 20 de Noviembre, einem Stadtviertel von Chacarita, Puntarenas, wurde ein Projekt mit Bevölkerungsbeteiligung begonnen. Nach den zuvor beschriebenen Versuchen wurde angenommen, daß *Mesocyclops thermocyclopoides* unter den in Puntarenas gegebenen Umweltbedingungen überleben kann.

Um die Bewohner zur Beteiligung an dem Projekt zu bewegen, wurden die Lehrer der in 20 de Noviembre liegenden Schule gebeten, Kinder auszusuchen, die sich innerhalb ihrer Klassen als Führungspersonen herausgestellt haben. Diese Kinder, sowie deren Eltern wurden durch einen Vortrag, eine praktische Vorführung und schriftliches Begleitmaterial über die Haltung und Zucht von Copepoden unterrichtet. Den Teilnehmern an diesen Veranstaltungen wurden ca. 200 ml einer Copepoden-Kultur ausgehändigt, damit sie diese selbständig vermehren und auch an Nachbarn weiterreichen.

Spektakulär aussehendes Bildmaterial aus den elektronenmikroskopischen Arbeiten wurde dabei verwendet, um die instruierten Personen besonders zu motivieren und für die Problematik zu interessieren. Zusätzlich wurden T-Shirts mit digital nachbearbeiteten rasterelektronenmikroskopischen Aufnahmen bedruckt, die an besonders aktiv teilnehmende Kinder oder deren Eltern verteilt wurden (Abb. 59).

Zusätzlich wurden im Krankenhaus von Chacarita einige Behälter zur Zucht von Copepoden aufgebaut. Interessierte Personen konnten dort Copepoden-Kultur-Lösung unentgeltlich bekommen. Einige in der Technik trainierte Personen in diesem Krankenhaus dienten als Ansprechpartner und konnten Informationen zur Zucht und Anwendung geben.

Um die Entwicklung der Stechmücken zu Beginn der Regenzeit im Mai 1998 zu kontrollieren, wurde, zusätzlich zu den von den Bewohnern versprühten Copepoden, auch Tiere aus der Zucht des Krankenhauses mit einer Acer-Drucksprühflasche ausgebracht. Die Ventile der Sprühflasche wurden so verändert, daß deren engste Stelle 1,5 mm nicht unterschritt, damit die Crustaceen nicht verletzt wurden, wenn sie durch die Ventile gedrückt wurden.

ERGEBNISSE

Die Copepoden-Kulturen, die von den Kindern und deren Familien angelegt wurden, basierten meist auf 2 l Einwegflaschen aus PET einer bekannten Getränkemarke. Einige Personen benutzten auch Aquarien, Plastikdosen, Mülleimer oder Kunststoffkanister (Abb. 60-61).

4 Wochen nach dem Beginn des Vorhabens fanden sich in den Kulturen im Durchschnitt 700 Copepoden pro Liter Kulturflüssigkeit.

Nach 3 Monaten betrug die Anzahl der Copepoden im Durchschnitt 392 Tiere pro Liter, wobei von den 13 untersuchten Kulturen 2 keine Tiere enthielten, weil die Besitzer zuviel Nahrung in das Wasser gegeben hatten, was zu anaeroben Bedingungen führte. 2 weitere Kulturen sind zum Zeitpunkt der Untersuchung gerade neu angesetzt worden und enthielten deswegen nur wenige Individuen.

Obwohl in den Vorträgen darauf hingewiesen wurde, haben einige der beteiligten Familien nicht die potentiellen Brutplätze der Moskitos (Plastikflaschen, Dosen, Blumentöpfe, etc.) beseitigt. Besonders die unbebauten Grundstücke in 20 de Noviembre wiesen große Mengen Abfall auf (Abb. 62). Außerdem zeigten sich Probleme beim Abfluß des Abwassers der Häuser, da das Gefälle in den (z.T. offenen) Abwasserkanälen nicht ausreichte und das Wasser zum Stehen kam. Diese Abflußsysteme, insbesondere deren Knotenpunkte, können sehr produktive *Aedes aegypti*-Brutstätten sein (SUÁREZ 1998, pers. Mitt.).

In einem Fall wurde nach 4 Wochen beobachtet, daß eine Copepoden-Kultur mit *Culex pipiens*-Larven kontaminiert war. Da die Ruderfußkrebse diese Mückenlarven nicht vollständig kontrollieren können, wurde allen Teilnehmern an diesem Projekt empfohlen, ihre Kulturen mit einem Stück Gaze oder anderem Stoff abzudecken. Bei der Untersuchung nach 12 Wochen wurde keine Wiederholung dieses Problems festgestellt.

	n. 4 Wochen	n. 12 Wochen
Kultur Nr.	Anzahl Copepoden	Anzahl Copepoden
1	1000	1000
2	750	200
3	750	100
4	750	0
5	750	0
6	50	500
7	0	500
8		200
9		1000
10		1000
11		300
12		200
13		100

TABELLE 19: Anzahl der Copepoden in den Kulturen der Bewohner von 20 de Noviembre.

Bei der Untersuchung der Kulturen konnte erfreulicherweise festgestellt werden, daß nach 12 Wochen 11 von 13 Familien über stabile Copepodennachzuchten verfügten. Das größte Problem stellte eine Überversorgung mit Nahrung bzw. Unterversorgung mit Sauerstoff dar, was zu anaeroben Bedingungen innerhalb der Gefäße führte. Den Teilnehmern wurde demzufolge empfohlen, die meist in Flaschen gehaltenen Tiere nicht ganz zu füllen, um das Oberfläche-Volumen-Verhältnis günstiger zu gestalten. Außerdem sollten die Tiere mit weniger organischem Material gefüttert werden.

Es ließ sich beobachten, daß viele der teilnehmenden Personen Copepoden an ihre Nachbarn verteilten, so daß eine erhebliche Multiplikation stattfand. Es konnte jedoch nicht genau abgeschätzt werden, wie viele neue Kulturen auf diese Art und Weise entstanden sind. Die Motivation der beteiligten Personen war sehr hoch. Das Interesse der Kinder und auch deren Eltern war zu jeden Zeitpunkt außerordentlich hoch, wobei berücksichtigt werden muß, daß ein Jahr zuvor in 20 de Noviembre eine sehr starke Dengue-Epidemie grassiert hatte. Das Verteilen der T-Shirts hat den Bekanntheitsgrad innerhalb der Gemeinschaft erhöht, was zu einer großen Nachfrage nach Copepoden führte. Das Medieninteresse an dem Projekt erhöhte ebenfalls die Motivation der teilnehmenden Familien.

Ein Aspekt, der nur unzureichend funktioniert hat, war die Beseitigung möglicher Eiablageplätze. Viele der Bewohner von 20 de Noviembre beseitigten zwar mögliche Behälter bei sich zu Hause, oftmals wurden aber Plastikbecher, Dosen, u.ä., sowie größere Gegenstände wie Möbel und Kücheneinrichtungen einfach auf benachbarte Grundstücke geworfen. Ein Schluß, der sich daraus ziehen läßt, ist der, daß in der Regel der Weg des geringsten Aufwandes gesucht wird. Da die Copepoden in ihrer Zucht unproblematisch und billig sind, werden sie gut angenommen. Das Abtransportieren von schweren Gegenständen ist dagegen nur mit größerem Aufwand an Arbeit, Mühe und Geld (=Transportkosten) verbunden und funktioniert möglicherweise aus diesem Grund nicht. Das Einführen einer regulären Sperrmüllabfuhr könnte ein Lösungsansatz sein. Das sorglose Wegwerfen von Plastikmüll u.ä. auf die Straßen und Grundstücke ist ein generell beobachtetes Problem, daß sich wahrscheinlich nur durch umfangreiche Erziehungs- und Aufklärungskampagnen mindern läßt.

ABB. 59: Verteilen von T-Shirts an besonders aktive Teilnehmer des Projektes in Chacarita.

ABB. 60: Von den Projektteilnehmern angelegte Copepodenzucht.

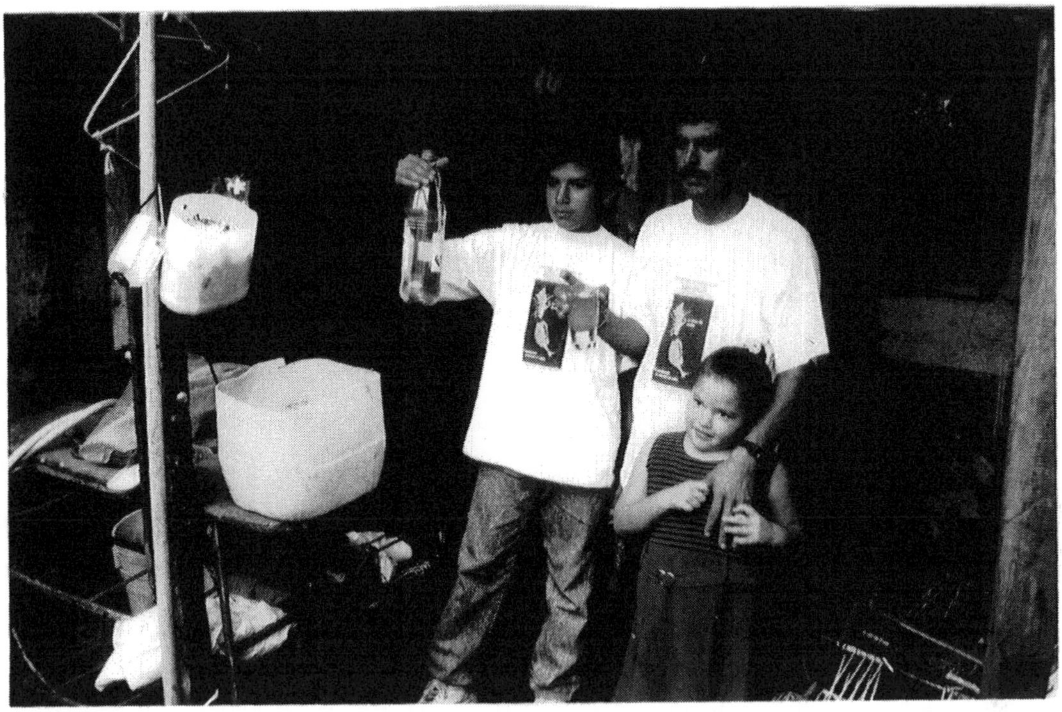

ABB. 61: Von den Projektteilnehmern angelegte Copepodenzuchtbehälter.

ABB. 62: Müllberge auf unbebauten Grundstücken sind ein idealer Eiablageplatz für Stechmücken.

10. Massenzucht von *Mesocyclops thermocyclopoides*

EINFÜHRUNG

SUÁREZ *ET AL.* (1994) beschrieben die Zucht von Copepoden und stellten ein relativ einfach durchzuführendes Protokoll für die Massenzucht unter Labor- und Freilandbedingungen auf. MARTEN *ET AL.* (1997) zeigten die routinemäßige Anwendung des Protokolls für die professionelle Anwendung von Copepoden. In beiden Anleitungen wird die Bedeutung von verschiedenen Futterpräferenzen von adulten und juvenilen Copepoden betont. So werden für die Ernährung der Nauplien und frühen Copepoditen Flagelaten (z.B. *Chilomonas* sp.) oder grüne Algen benötigt. Die nahezu reifen Copepoditen und die adulten Tiere dagegen lassen sich sehr effektiv mit Pantoffeltierchen ernähren. RODRIGUÉZ *ET AL.* (1993) schreiben dagegen, daß *Paramecium caudatum* für die Pflege der Nauplien ausreicht.

In Puntarenas, einer Region mit einer sehr stark ausgeprägten Denguefieber-Problematik, sollte ein Pilotprojekt zur Bekämpfung von *Aedes aegypti* gestartet werden. Um die Nachzucht der Copepoden zu beschleunigen und die Menge der Tiere zu erhöhen, hat die Estación Biológica UNA, Puntarenas, einen Kulturtank zur Verfügung gestellt, der normalerweise zur Zucht von marinen Crustaceen und Fischen verwendet wird. Das folgende Protokoll beschreibt die Massenzucht von *Mesocyclops thermocyclopoides* mit Hilfe des Kulturtanks. Bei der Durchführung wurde besonderer Wert auf eine einfache Durchführung und geringen Materialeinsatz gelegt, um Fehlerquellen und Kosten zu reduzieren.

MATERIAL UND METHODEN

Vorbereitung der Massenzucht

Als Copepodenfutter wurden Pantoffeltierchen *Paramecium* sp. in 2 l Gefäßen in Reinkultur gehalten:

***Paramecium* sp.**

Ein Individuum eines Pantoffeltierchens wurde mit einer Pipette unter einem Binokular in ein 50 ml Gefäß mit entchlortem Wasser überführt. Dazu wurde herkömmliches Leitungswasser benutzt, das jedoch zuvor 24 h abgestanden hat, um das Chlor zu entfernen. Etwas Kopfsalat (2 cm^2) wurde als Futter dazugegeben. Nach einer Woche wurde die leicht von den Protozoen getrübte Flüssigkeit in ein 2 l Gefäß gegeben und ebenfalls mit Salat (10 cm^2) gefüttert. Nach 2 Wochen war eine große Anzahl an *Paramecium* in der Kultur zu sehen. Nach diesem Zeitraum wurde die Vorbeitungskultur in den 1000 l Kulturbehälter gegossen, der bereits mit entchlortem Wasser aufgefüllt wurde. Ca. 1 kg Kopfsalat wurden zur Nahrungsversorgung dazugegeben. Der Behälter zum Schutz vor Verschmutzungen abgedeckt. Nach 2 Wochen war eine große Anzahl von Pantoffeltierchen zu sehen, so daß die Massenzucht begonnen werden konnte.

Copepoden

Etwa 20 Individuen der Art *Mesocyclops thermocyclopoides* wurden in ein 2 l Gefäß gefüllt, das mit 1.5 l entchlortem Wasser, 500 ml *Paramecium*-Kultur befüllt wurde. Außerdem wurden 10 cm^2 Salat dazugegeben. Nach 2-3 Wochen konnte diese Kultur in einen 10 l Eimer überführt und wöchentlich mit 50 cm^2 Salat versorgt werden.

Start der Massenzucht

Zu Beginn wurde der Inhalt des 10 l Eimers mit den Copepoden in den 1000 l Behälter gegeben, dessen Wasser zuvor 3 Tage abgestanden hat, um das Chlor völlig zu entfernen (Abb. 63). Wöchentlich wurde ca. 1 kg Salat in den Behälter gegeben.

ERGEBNISSE UND DISKUSSION

Nach 3 Wochen zeigte sich außerdem eine Entwicklung von einzelligen Algen im Zuchtbehälter, die jedoch vermutlich von den Copepoden gefressen werden können, da ihre Entwicklung zu keinem Zeitpunkt überhand nahm. Die Algen für die Nauplienentwicklung müssen also nicht unbedingt wie von MARTEN *ET AL.* (1997) und SUÁREZ *ET AL.* (1994) zusätzlich mit Algenkulturlösung gefüttert werden.

Nach 7 Wochen (theoretisch 2 Reproduktionszyklen) wurden ca. 300 Tiere pro Liter Kulturlösung geschätzt. Die Dichte ist damit geringer als die, die in 2 l Gefäßen erreicht wurde, was wahrscheinlich damit zusammenhängt, daß die Tiere in dem großen Tank nicht immer in ausreichender Menge Futter finden und vielleicht die Sauerstoffversorgung, besonders am Boden des Tanks, nicht immer optimal ist. Dies soll in Zukunft verbessert werden, indem der Tank belüftet wird. MARTEN *ET AL.* (1997) haben bei der Massenzucht flache Schalen verwendet, die in kurzen Zyklen „geerntet" werden. Diese Schalen können in Regalen gestapelt werden und bei Bedarf einzeln entnommen werden, was die Handhabung dieses Systems sehr einfach und flexibel macht. Bei einer Kontamination durch andere Organismen können die befallenen Schalen einfach entfernt und gereinigt werden. Allerdings ist der technologische Aufwand höher und die Laborausrüstung ist teurer, so daß dieses Verfahren unter Bedingungen, wie sie in den Entwicklungsländern oftmals herrschen, nicht immer durchführbar ist. Das hier beschriebene Verfahren nutzte bereits vorhandene Ausrüstungen für die Aquakultur und zeichnete sich dadurch aus, daß das Verfahren sehr einfach zu handhaben war, auch wenn die Produktion noch nicht optimal war.

Dips in Kulturlösung	
1	400
2	200
3	300
4	100
5	500

TABELLE 13: Anzahl Copepoden pro Liter bei 5 verschiedenen Probeentnahmen.

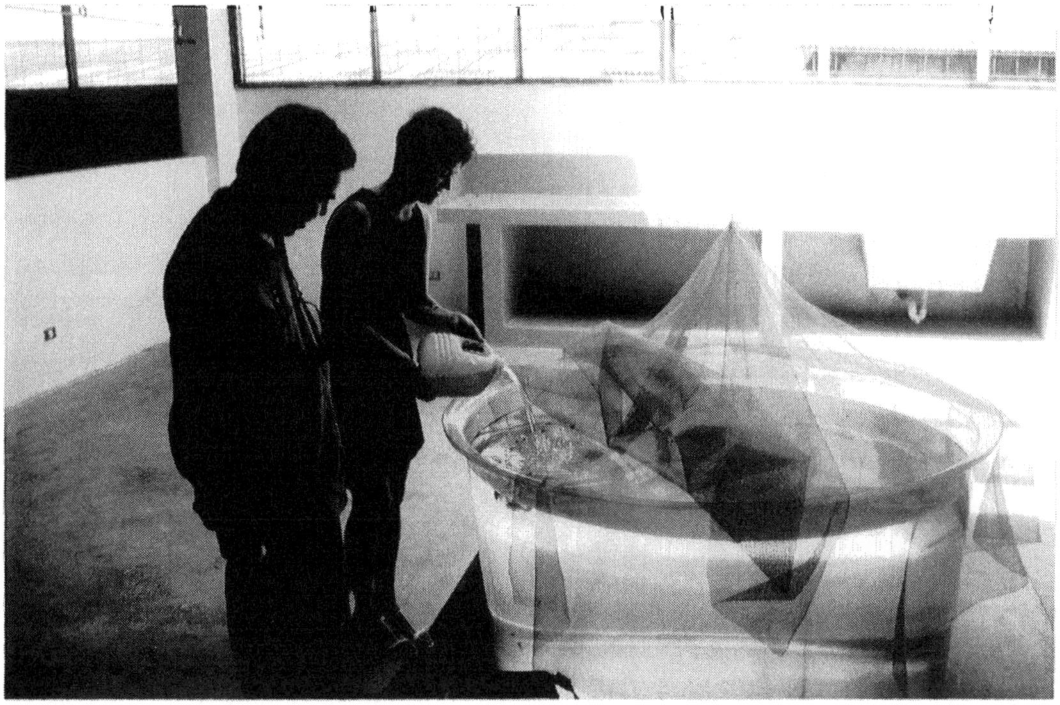

ABB. 63: 1000 l Behälter für die Massenzucht der Copepoden.

11. Empfehlungen zur Entwicklung einer Strategie zur Bekämpfung von *Aedes aegypti* in Costa Rica

EINFÜHRUNG

Das Einschleppen des Dengue-Erregers und die dramatische Zunahme der Krankheitsfälle in Costa Rica sind aus sozialen und epidemiologischen Gründen sehr besorgniserregend. Die Krankheit befällt meistens Menschen in den Elendsgebieten des Landes, die starke Hygieneprobleme aufweisen. Die weite Verbreitung des Vektors innerhalb Costa Ricas, dessen Populationsdichten, das Auftreten von DHF und das mögliche Auftreten von Resistenzen in naher Zukunft lassen auf großen Handlungsbedarf schließen.

Die bisher vom costarikanischen Gesundheitsministerium durchgeführten Bekämpfungsmaßnahmen sind ebenfalls kritisch zu betrachten. Die Aufklärungskampagnen in den Medien haben zwar zu einem erhöhten Problembewußtsein geführt, die hygienische Situation hat sich jedoch in aller Regel nicht nachhaltig verbessert. Die Bekämpfung der Moskitos mit Insektiziden ist sehr kostenintensiv und kann, wie bereits erwähnt, zu Resistenzbildungen führen. Ein Liter des Insektizids „Deltamethrin" wurde 1998 für 3600 Colones bzw. 15 US-Dollar verkauft. Diese Substanzmenge reicht in der Regel gerade aus, um 6 Häuser zu besprühen (MINISTERIO DE SALUD, pers. Mitt.). NATHAN (1993) äußerte in einer kritischen Betrachtung der *Aedes aegypti*-Kontrollprogramme in der Karibik die Meinung, daß das Versprühen von Insektiziden überwiegend aus politischen Gründen stattfindet, um bei der Bevölkerung den Eindruck zu erwecken, daß das Problem unter Kontrolle sei. Nach Angaben des Gesundheitsministeriums erreichten die 1997 durchgeführten Sprühaktionen zwischen 30 und 80 % Reduktion der Stechmücken, 30-40 % wurden erzielt, wenn die Insektizide per Flugzeug versprüht wurden. Bei der Verwendung von Pick-up-Fahrzeugen mit Sprühkanonen wurden etwa 50 % erreicht, während man bei Besprühungen von Haus zu Haus bis 80 % beobachtet wurden. Der Effekt dieser Besprühungen mit Pyrethroiden hält nach Beobachtungen von Mario Vargas etwa 2 Wochen vor, danach hat sich die Population der Tiere vollständig erholt (pers. Mitt.).

Eine vertrauliche Analyse der Vorgehensweise des costaricanischen Gesundheitsministeriums durch MOREIRA *ET AL.* (1998) zeigte eine Vielzahl von Schwachstellen auf:

- Tendenz zu einer übermäßigen Insektizidanwendung, die der Bevölkerung den falschen Eindruck vermittelt, daß das Problem beseitigt wurde.
- Die Bekämpfung ist nicht nachhaltig.
- Schlechte Koordination zwischen den für Prävention, Überwachung und Bekämpfung zuständigen Behörden.
- Es wurde keine wirkliche Unterstützung von der Bevölkerung beobachtet, möglicherweise, weil die Zuständigkeit bei Maßnahmen dieser Art traditionell beim Gesundheitsministerium liegt. Auch andere staatliche Institutionen haben nur ungenügende Beiträge geleistet.
- Die ungenügende Wasserversorgung zwingt die Bevölkerung in der Trockenzeit dazu, Trinkwasser in Gefäßen aufzubewahren, was ebenfalls *Aedes aegypti* begünstigt.
- Die große Anzahl von illegalen Einwanderern stellt ein weiteres Risiko für die Einschleppung weiterer Krankheiten dar.

Neben diesen generellen Problemen zeigten sich menschliche Faktoren, die die Arbeit vor Ort erheblich beeinträchtigt haben:

- Schwierigkeiten bei der Teamarbeit.
- Entomologische Überwachung und Ausbildung des Personals sind nicht ausreichend.
- Logistische Probleme bei Populationsbestimmungen und Versand der Proben ins Labor.
- Ergründen und Beseitigen von Problemen vor Ort.
- Schlechte Motivation des Personals.
- Nicht ausreichender Personalbestand.

Des weiteren zeigt sich ein Problem, daß auch in anderen Regionen beobachtet wurde und auch in Costa Rica auftritt: die Verwendung von veralteten Überwachungsmethoden.

Meist werden Indices verwendet, um die Population von *Aedes aegypti* einzuschätzen. Diese Indices (House-, Breteau- und Container-Index) werden erstellt, indem entomologische Sammlungen in den betroffenen Gebieten durchgeführt werden. Der 1923 zur Gelbfieberüberwachung eingeführte House-Index zeigt dabei die Anzahl *Aedes aegypti*-positiver Häuser pro 100 an. Der 30 Jahre später entwickelte Breteau-Index gibt die Anzahl *Aedes*-positiver Behälter auf 100 Häuser wieder. Der Container-Index zeigt die prozentuale Anzahl positiver Behälter an allen wasserenthaltenen Gefäßen.

Die Erstellung dieser Indices ist sehr arbeitsintensiv, außerdem gelten sie als extrem ungenau (TUN-LIN *ET AL.* 1996). Zum einen geben die auf Larvenpopulationen aufbauenden Indices keinen wirklichen Anhaltspunkt über die Population der adulten Tiere, da die Mortalität der Larven (und dadurch die Produktion von adulten Moskitos) von Behälter zu Behälter sehr unterschiedlich ist (FOCKS & CHADEE 1997), zum anderen tendieren sie dazu, die Population zu unterschätzen, wenn die Dichte der Tiere gering ist (RAWLINGS *ET AL.* 1998). TIDWELL *ET AL.* (1990) beobachteten sogar bei einer Studie in der Dominikanischen Republik, daß es keine Korrelation der Indices mit der tatsächlichen Anzahl adulter Tiere gab. RODRIGUÉZ-FIGUEROA *ET AL.* (1995) stellten fest, daß bei der Bewertung von 12 verschiedenen Variablen nur die Anzahl adulter Weibchen mit der Wahrscheinlichkeit, an Denguefieber zu erkranken, korreliert. Diese kann z.B. mit der von EDMAN *ET AL.* (1997) vorgestellten Methode erfaßt werden, bei der schwarze Kisten, die mit schwarzem Tuch ausgeschlagen sind, in den betroffenen Häusern aufgestellt werden. Die Mücken suchen diese Kisten als Rastplatz auf.

FOCK & CHADEE (1997) schlagen vor, die entomologischen Erhebungen auf der Anzahl der Puppen pro Flächeneinheit oder Bevölkerungszahl zu basieren, um eine genauere Aussage über die Anzahl adulter Stechmücken treffen zu können. Nach Aussagen der Autoren ist die Korrelation zwischen Puppenpopulation und adulten Tieren erheblich signifikanter. RAWLINGS *ET AL.* (1998) legen den Schluß nahe, daß traditionelle Felderhebungen zu arbeits- und kostenintensiv sein und empfehlen daher die Verwendung von Eiablage-Fallen, mit denen das Vorhandensein oder Nichtvorhandensein von *Aedes aegypti*-Weibchen deutlich genauer erfaßt werden konnte, insbesondere bei niedrigen Dichten. CHADEE (1991) stellte fest, daß Eiablagefallen besonders präzise funktionieren, wenn sie in 1.5 m Höhe montiert werden.

Die Einführung dieser Techniken kann in Costa Rica von großer Bedeutung sein, da mehrfach Bekämpfungsaktionen mit Insektiziden und Säuberungskampagnen in betroffenen Regionen abgebrochen wurden, nachdem der House-Index bei weniger als 5 % lag und deshalb als „ungefährlich" eingestuft wurde. Die Folge war meistens ein erneutes Ansteigen der Moskito-Population nach wenigen Tagen oder Wochen mit erneuten Krankheitsfällen. Dieses Verfahren kann ebenfalls zu Resistenzbildungen führen, da eine Restpopulation überlebt und möglicherweise ihre Toleranz auf weitere Generationen vererbt.

Ein weiteres beobachtetes Problem ist das hygienische Verständnis der Bevölkerung. Es wurde vielfach beobachtet, daß die Wohnhäuser in betroffenen Regionen sauber und frei von künstlichen Behältern mit Wasser waren. Bei einem Blick auf die umliegenden unbebauten Grundstücke fanden sich jedoch große Mengen Abfall inklusive potentieller Eiablageplätze für die Mücken. Möglicherweise ist dies eine Folge des Müllabfuhrsystems, das größere Abfälle (Sperrmüll) nicht entsorgen kann, es wurde jedoch ebenfalls eine große Sorglosigkeit im Umgang mit Müll beobachtet, die gepaart mit einem hohen Konsum von Einwegprodukten für eine erhebliche Verschmutzung der Wege und der unbebauten Grundstücke sorgt.

Auf diese Art und Weise können die Leistungen Einzelner beim Kampf gegen *Aedes aegypti* von der fehlenden Hygiene anderer Personen schnell wieder zunichte gemacht werden, da bereits einzelne Behälter z.T. sehr produktiv sein können und die Tiere einen Aktionsradius von etwa 840 m haben (REITER *ET AL.* 1995).

Ein weiteres sehr gravierendes Problem ist, daß die Bekämpfung der Epidemien aus den Budgets der Comisión Nacional de Emergéngias (Notstandskommision, CNE) finanziert wird. Die CNE wurde von der costarikanischen Regierung geschaffen, um auf Notsituationen wie Erdbeben, Hurricans, etc. schnell reagieren zu können. Da die Denguefieber-Epidemien das Land relativ unvorbereitet getroffen haben, wurde, um eine schnelle Reaktion zu ermöglichen, die CNE aktiviert, um die ersten Maßnahmen durchzuführen. Diese Kommission darf allerdings aus rechtlichen Gründen keine vorbeugenden Maßnahmen treffen. Das während der Epidemien angestellte Personal kann aus demselben Grund lediglich 3 Monate lang beschäftigt werden. Die Verfahrenspraxis sieht daher so aus, daß ein bestimmtes Gebiet zum Dengue-Notstandsgebiet erklärt wurde. Dann wurden sofort Mittel der CNE freigesetzt, um Personal und Material in die entsprechende Region zu schaffen. Dort wurden in großen Mengen Insektizide eingesetzt und die Brutstätten beseitigt, doch sobald der House-Index die 5%-Marke unterschritten hatte, wurden alle Aktivitäten abgebrochen, da kein akuter Notstand mehr herrschte.

Eine neue Strategie muß daher folgende Aspekte berücksichtigen:

- Sie muß einfach zu koordinieren sein, wobei die bisher verwendeten hierarchischen Strukturen zu vermeiden sind.
- Sie muß kostengünstig sein.
- Sie muß auch dann funktionieren, wenn einzelne Personen nicht kooperieren.
- Sie muß technisch einfach zu verwirklichen und wenig störanfällig sein.
- Sie muß nachhaltig sein und einen verantwortungsvollen Umgang mit Insektiziden umsetzen.
- Sie muß präventiv sein, aber auf Notfallsituationen reagieren können.

Grundsätzlich sind allerdings nicht alle bisher getroffenen Maßnahmen negativ zu bewerten. Die klinische Versorgung der Kranken ist im Vergleich zu anderen Entwicklungsländern, gut, auch wenn es während der starken Epidemien 1994 und 1997 Engpässe bei der Versorgung gab. Die Erfassung der relevanten Daten und die

Laboruntersuchungen (Bluttests) werden ebenfalls auf hohem Niveau durchgeführt, so daß eine schnelle Versorgung der Patienten möglich ist.

MATERIAL UND METHODEN

Anhand der in dieser Arbeit gewonnenen Erkenntnisse und der Erfahrungen anderer Autoren soll eine neue Struktur für die Bekämpfung des Moskitos *Aedes aegypti* erarbeitet werden. Dabei sollen die vorhandenen Einrichtungen und Institutionen genutzt werden, um Kosten zu sparen und um die vorgeschlagenen Veränderungen in kurzer Zeit umsetzen zu können. Einige der Institutionen, die von großer Bedeutung sein könnten, sind das EBAIS-System und die Schulen.

Das costarikanische EBAIS-System

Die Krankenkasse Costa Ricas (CCSS, Caja Costaricense de Seguro Social) ermöglicht es, allen pflichtversicherten Menschen ein Krankenhaus zu besuchen. Private Ärzte können von den Pflichtversicherten nicht aufgesucht werden, es sei denn, sie kommen selber für die Kosten auf, was nur einer Minderheit der Bevölkerung möglich ist.

Da die Krankenhäuser jedoch häufig überlastet waren und viele der Wartezeiten von Patienten verursacht wurden, die lediglich kurzer Behandlungen bedurften, hat man ein System geschaffen, das einige Leistungen der Krankenhäuser dezentral anbietet. Die Einrichtung der EBAIS (Equipos Básicos de Atención Interal y Social, Basiseinrichtungen zur Integralen und Sozialen Behandlung) bieten den Krankenversicherten Sprechstunden und einfache ambulante Behandlungen bei den 1-2 dort arbeitenden Ärzten. Außerdem findet dort gesundheitliche Aufklärungsarbeit statt. Zusätzlich zu den Ärzten arbeiten dort in der Regel eine Krankenschwester, ein Sozialarbeiter sowie eine Person, die Verwaltungsarbeit und andere anfallende Arbeiten übernimmt. Jeder EBAIS ist für etwa 2000-3000 Menschen verantwortlich.

Neben der Behandlung von Patienten sind die EBAIS auch für Gesundheitsprävention zuständig, allerdings ist diese Komponente bisher nur wenig entwickelt, wobei zu berücksichtigen ist, daß das EBAIS-System erst 1996 eingeführt wurde.
Die besonderen Vorteile der EBAIS sind:

- Sie sind dezentral, ohne nennenswerten Aufwand für die Bevölkerung zu erreichen

- Die dort arbeitenden Personen kennen die lokale Situation sehr gut und können auf Besonderheiten eingehen
- Sie sind einfach zu erreichende Informationsquellen für alle gesundheitsrelevanten Fragen.
- Oftmals entstehen persönliche Vertrauensbeziehungen zwischen dem Personal der EBAIS und den Patienten

Das Schulsystem

Ebenfalls von großer Bedeutung ist könnte das Schulsystem Costa Ricas sein. In diesem Land gibt es eine allgemeine Schulpflicht bis zur 6. Klasse. Die Versorgung mit Schulen ist, besonders im Vergleich mit anderen Entwicklungsländern, sehr vorbildlich. Die Regierung des Landes hat erst kürzlich (1997) gesetzlich festschreiben lassen, daß 6 % des Bruttosozialproduktes für das Bildungssystem ausgegeben werden. Auch vorher bewegten sich die Bildungsausgaben Costa Ricas auf sehr hohem Niveau. Aus diesem Grund ist die Versorgung mit Schulen fast im gesamten Land gewährleistet, auch wenn einzelne Schulen, besonders in kleineren Dörfern und in armen Regionen nicht immer optimal ausgestattet sind.
Besonders erwähnenswerte Vorteile sind:

- Hoher Alphabetisierungsgrad (>90 %) und damit leichtere Erreichbarkeit bei Öffentlichkeitsarbeit zum Thema Denguefieber.
- Leichtere Motivierung von Kindern als von Erwachsenen bei der Dengue-Bekämpfung.
- Einflußmöglichkeit auf das Problembewußtsein von Schulkindern.
- Förderung von Gruppenprozessen (z.B. Schulklasse hilft bei einer Säuberungsaktion).

ERGEBNISSE UND DISKUSSION

Denguefieber-Prävention

An dieser Stelle soll besonders die Notwendigkeit einer Vorbeugung angesprochen werden, da hier die größten Versäumnisse beobachtet wurden. Da das bisherige costarikanische System bisher überwiegend auf der Bekämpfung akuter Notfälle basierte und für diese bereits umfassende Erfahrungen vorliegen, sollen hier Vorschläge für die Vermeidung von Epidemien erarbeitet werden.

Da die sozialen und ökonomischen Kosten von Denguefieber-Epidemien sehr hoch sind, können präventive Ansätze erhebliche Kosten einsparen und Krankheitsfälle vermeiden. Eine 1977 in Puerto Rico ausgebrochene Epidemie hat Kosten von rund 16 Millionen US-Dollar verursacht (medizinische Behandlung der Patienten und Arbeitsausfall, VON ALLMEN *ET AL.* 1979). Der Ausbruch der Krankheit in Kuba (1981) hat 103 Millionen US-Dollar gekostet (43 Millionen für die Bekämpfung der Moskitos, 41 Millionen für ärztliche Behandlungen und 19 Millionen Dollar für Arbeitsausfälle, KOURI *ET AL.* 1989). Dazu kommt, daß viele Länder, wie auch Costa Rica, auf den Tourismus als Devisenquelle angewiesen sind. Wenn es aber zu großen Epidemien kommt, muß damit gerechnet werden, daß sich dies zu einem Ausbleiben von Touristen führt und so noch größere Schäden verursacht.

Eine Bekämpfungstrategie sollte daher möglichst den Ausbruch von großen Epidemien vermeiden. Dies könnte durch folgende Ansätze erreicht werden:

1. Qualifizierung der Mitarbeiter des Gesundheitsministeriums in folgenden Aspekten:

- Moderne entomologische Überwachungsmethoden
- Qualifizierung als Vermittler von Informationen über die Krankheit und den Überträger
- Rationaler Insektizideinsatz
- Alternative Bekämpfungsmethoden

2. Müllbeseitigung und –vermeidung

- Einführung eines Sperrmüllabfuhrsystems
- Verstärkte Erziehung zum Thema Umwelthygiene in den Schulen
- eventuell: Erhöhung der Strafen für illegale Müllbeseitigung
- Beibehaltung der Säuberungsaktionen
- Schaffung von Anreizen: z.B. Schaffung von Preisen für sauberstes Wohngebiet, o.ä.
- eventuell: Besteuerung von Einwegverpackungen

3. Erziehung

- Verstärkte Einbeziehung der Denguefieber-Problematik in den Schulunterricht,

- Anleitung zur Zucht von Moskito-Predatoren (Fische, Copepoden) in Schulen
- Schaltung von Spots im Fernsehen, bevor es zu einer Epidemie kommt
- Vermittlung von Wissen an gefährdete Personen durch Inspektionen des Ministeriums

4. **Einführung moderner Überwachungsmethoden**

- Verwendung von Eiablagefallen zum Nachweis von *Aedes aegypti*
- Verwendung von Puppen-Indices

5. **Berücksichtigung biologischer Kontrollmaßnahmen**

- Einsatz von BTI und Copepoden
- Einrichtung eines regulären Vektorkontrollprogramms (siehe CHALLET 1991)

6. **Gesetzliche Änderungen**

- Erlaubnis für die CNE, auch vorbeugende Maßnahmen zu ergreifen

Die Rolle von Copepoden in einer präventiven Strategie

Da die Ruderfußkrebse, wie in den vorangegangenen Kapiteln beschrieben, sich als effektive und billige Vektorkontrollmaßnahme erwiesen haben, soll ihr möglicher Einsatz in einer integrierten Strategie diskutiert werden. Da die Vermehrung der Tiere so einfach ist, daß Schulkinder sie ohne nennenswerte Schwierigkeiten vermehren können, könnten die Schulen ohne großen finanziellen oder zeitlichen Aufwand für die Einrichtung einer großen Copepodenkultur sorgen (z.B. einige Eimer). Sobald die Kinder mit der Aufzuchttechnik vertraut sind, können aus dieser Kultur Tiere verteilt werden. Auf diese Art und Weise würden Hunderte von dezentralen Kulturen in den Wohnhäusern der Kinder entstehen, aus denen regelmäßig Tiere in mögliche Habitate der Mückenlarven gegossen werden. Voraussetzung wäre, daß ausreichend motivierte Lehrer vorhanden sind, um diesen zusätzlichen Unterrichtsstoff in den Lehrplan aufzunehmen.

Eine weitere Möglichkeit wäre es, die Crustaceen in speziellen Zuchtanlagen zu reproduzieren. Die Tiere könnten dann in die gefährdeten Gebiete transportiert werden, um sie dort an die Bevölkerung zu verteilen, damit sie die Tiere in alle möglichen Eiablageplätze gibt. Außerdem können Arbeiter des Ministeriums die Copepoden mit Sprühgeräten und in

Kombination z.B. mit BTI in Behälter versprühen, die sich nicht beseitigen lassen. Für die Ausbringung der Tiere (+BTI) kann es z. B. auf unbebauten Grundstücken mit viel Müll nützlich sein, vierradgetriebene Geländemotorräder mit Sprühtanks und Sprühvorrichtung auszurüsten. Ähnliche Fahrzeuge werden z.B. in den USA zur Mückenbekämpfung in Sumpf- und Salzmarschgebieten verwendet, wo sie Pellets und flüssige Larvizide ausbringen.

In dieser Arbeit konnte keine Förderung der Moskitos durch die Selektion durch Copepoden beobachtet werden, trotzdem sollte darauf geachtet werden, daß eine Einführung von Ruderfußkrebsen als Methode nicht als selektierender Faktor auf die *Aedes*-Population wirkt. Die Kombination mit anderen Methoden (BTI, Fallensysteme) sollte dies verhindern helfen und ist auch wünschenswert, da dies zusätzlich die Effizienz erhöht.

Weitere zu lösende Probleme

Ein besonders großes Problem ist die große Menge anfallender Altreifen. Da die Straßen Costa Ricas in einem sehr schlechtem Zustand sind, kommt es zu einem hohen Verschleiß der Reifen. Die gebrauchten Reifen können nach dem Wechsel nur unter großen Schwierigkeiten entsorgt werden: die reguläre Müllabfuhr nimmt die Reifen nicht mit. Wenn man sie zu einer Mülldeponie bringt, müssen sie (aus Gründen der Platzersparnis) *kleingeschnitten* (geviertelt) abgegeben werden. Da dies den meisten Menschen zu mühsam ist, werden die Reifen meist auf wilden Müllkippen entsorgt. In Ausnahmefällen können sie noch als Gebrauchtreifen weiterverkauft werden oder runderneuert werden (letzteres in der Regel nur bei LKW-Reifen). Da es in Costa Rica bisher keine Recyclingfabrik für Reifengummi gibt, müssen andere Lösungsansätze gesucht werden.

In einigen Fällen konnten bemerkenswerte Einzellösungen gefunden werden, wie das Herstellen von Blumenampeln (Abb. 64). Häufig werden die Reifen als Blumenkübel verwendet oder auf Spielplätzen verwendet, angesichts der großen anfallenden Mengen sind diese Lösungsansätze jedoch nicht ausreichend.

Mittel- und langfristig ist in Costa Rica eine umfassende ganzjährige und ununterbrochene Wasserversorgung anzustreben, aber bisher kommt es in weiten Teilen des Landes während der Trockenzeit zu Wasserrationierungen. Aus diesem Grund kommt es dazu, daß Wasser in Eimern, Kanistern und Tanks zwischengelagert wird, um Vorräte für den Betrieb von Toilette und Küche zu haben. Da viele Menschen diese Gefäße nicht ausreichend abdecken, kommt es hier ebenfalls zum Befall mit Mückenlarven. BARRERA *ET AL.* (1993) wiesen einen klaren Zusammenhang zwischen Wasserrationierung und Häufigkeit von *Aedes aegypti*-Larven in Häusern nach. Um eine Zwischenlösung anbieten zu können, könnten auch hier die

Ruderfußkrebse eingesetzt werden. Von einer Verwendung im Trinkwasser ist jedoch aus hygienischen Gründen abzusehen.

Auf Friedhöfen wurde eine sehr große Anzahl von Blumenvasen beobachtet, in denen sich ebenfalls große Mengen von *Aedes aegypti*-Larven befanden (Abb. 65). Zahlreiche Aufklärungskampagnen haben es versucht, der Bevölkerung nahezulegen, auf wassergefüllte Blumenvasen zu verzichten, ein Erfolg ist bisher jedoch ausgeblieben. Da das Schmücken von Gräbern ein kultureller Ritus ist, der bereits seit Jahrtausenden gepflegt wird, ist es auch unwahrscheinlich, daß hier eine Verhaltensänderung eintritt. Dieses Problem wurde auch von O'MEARA *ET AL.* (1992) beobachtet. Möglicherweise können hier die Copepoden eine Abhilfe darstellen, wenn sie z.B. von den Gärtnern in die Vasen gefüllt werden oder gleich in das für das Blumengießen vorgesehene Wasser gegeben werden.

Die Beseitigung von potentiellen Eiablageplätzen steht bei der *Aedes aegypti*-Bekämpfung, neben der chemischen Bekämpfung, traditionell im Vordergrund. Neben der bereits angesprochenen Abfallproblematik besteht die Gefahr, daß die Mücken bei einer vollständigen Beseitigung der leicht zugänglichen Eiablagebehälter auf andere Habitate zurückgreifen. CHADEE *ET AL.* (1998) berichten über Veränderungen im Verhalten von *Aedes aegypti*, die dazu führten, daß die Eier in Phytothelmen abgelegt wurden. SUÁREZ (1998, pers. Mitt.) beobachtete in Kolumbien, daß die Moskitos die Sammelbecken in der Regenwasserkanalisation als Brutstätte benutzen. Die Produktion adulter Moskitos durch diese Sammelbecken wurde als etwa 20 mal so hoch wie die eines Autoreifens angegeben. Auch auf den vielen Baustellen der rasch expandierenden Städte des Landes besteht die Gefahr, daß neue Brutplätze entstehen, weil sich in den Baugeräten, Eimern, Betonmischern, und Betonblöcken ebenfalls Wasser ansammelt (BAUMGARTENER 1987).

Diese Art von Eiablageplätzen ist extrem schwierig zu kontrollieren. Phytothelmen finden in den Tropen sich praktisch überall und sind, wie z.B. Bromelien oftmals schwer zugänglich, da sie in großer Höhe wachsen. Kokosnüsse werden vielerorts angebaut, und die Schalen dieser Früchte werden meist in der Nähe der menschlichen Siedlungen (auch in Gärten) beseitigt, wo sie langsam verrotten. Die Regenwasserkanalisation ist für die rasche Abführung der meist sehr heftigen Niederschläge unerläßlich. Nur durch eine grundlegende Veränderung der Konstruktion der Sammelbecken ließe sich das Ansammeln von Wasser vermeiden. Da eine solche Veränderung jedoch sehr teuer wäre, ist eine Umsetzung kurzfristig nicht zu erreichen.

Entwurf einer neuen Strategie

Es muß aufgrund der oben genannten Beobachtungen die Frage gestellt werden, ob die bisherige Strategie der *Aedes aegypti*-Bekämpfung in dieser Art und Weise weitergeführt werden sollte oder nicht. Die Beseitigung der potentiellen Eiablagebehälter führt dazu, daß die Mücken auf andere, schwerer zugängliche Plätze ausweichen, die eine Kontrolle noch schwerer machen als bisher.

Daher ist es zu diskutieren, ob nicht bestimmte Eiablageplätze in den betroffenen Gebieten belassen werden, die dann auf andere Art und Weise behandelt werden, damit die dort ausschlüpfenden Larven nicht oder nur im geringen Maße überleben. Solche Eiablagefallen (z.B. Autoreifen) könnten auch gezielt in bestimmten Gebieten ausgelegt werden und mit BTI und Copepoden präpariert werden, um eine langfristige Reduktion der Mücken zu erzielen. Eine ähnliche Methodik wurde von Santos & Andrade (1997) vorgeschlagen.
Die Eliminierung aller weiteren Brutstätten muß selbstverständlich vorangehen, ebenso wie die Aufklärungsmaßnahmen, damit künftig weniger Müll in der Umwelt entsorgt wird. Auch eine Verbesserung des Müllabfuhrsystems (Sperrmüllabfuhr) ist unbedingt erforderlich, damit die meisten Tiere ihre Eier in die ausgelegten Behälter legen und nicht an andere Orte.

Eine solche Maßnahme hätte die folgenden Vorteile:

- Sie ist kostengünstig, da sie Personal- und Materialkosten einspart.
- Sie wirkt nachhaltig, weil sie über lange Zeiträume wirkt.
- Resistenzbildungen werden vermieden.
- Eine präventive Wirkung wird erzielt.
- Die gleichen Behälter könnten für die Populationsüberwachung genutzt werden, indem abgelegte Eier ausgezählt werden.

Ein Nachteil wäre die mögliche Förderung anderer Mückenarten in den Eiablagefallen, wie etwa von *Culex pipiens*, weil diese nicht ausreichend von den Crustaceen kontrolliert werden. Bei starkem Befall müßten hier verstärkt Larvizide eingesetzt werden, wobei allerdings auch hier die leichte Erreichbarkeit die Kontrolle dieser Tiere erleichtert.

Eine solche Maßnahme könnte parallel zur Anwendung der Copepoden in betroffenen Gebieten laufen, wie sie bereits geschildert wurden. Hierbei ist es wichtig zu berücksichtigen, daß sich viele Behälter nicht ohne großen Kostenaufwand beseitigen lassen (kaputte Regenrinnen, Regensammelschächte, etc.), die aber ebenfalls nachhaltig behandelt werden müssen. Hier könnten Copepoden das Mittel der Wahl sein.

Um in Notfällen Insektizide anwenden zu können, ist es unbedingt notwendig, daß Tests durchgeführt werden um festzustellen, ob bereits Resistenzen vorliegen. Wenn dies zutrifft, müssen für den Notfall andere noch wirksame Substanzen bereitstehen. Wenn man für längere Zeit eine Insektizidbehandlung unterläßt, verschwinden resistente Stämme meist durch die Verdrängung durch nicht resistente Tiere, da diese offenbar unter natürlichen Bedingungen einen Selektionsvorteil haben (RIVET & PASTEUR 1993). Diese Tests sind sehr einfach durchzuführen (BROGDON & MCALLISTER 1998), wurden aber bisher in Costa Rica nicht angewendet.

Die hier vorgeschlagene Strategie könnte auf die folgende Art und Weise in die Praxis umgesetzt werden:

Prävention in potentiell gefährdeten Gebieten

Noch vor Beginn der Regenzeit werden in Schulen und EBAIS der Region Copepoden an alle erreichbaren Personen verteilt, zusammen mit einer Anleitung zur Zucht der Tiere. Gleichzeitig werden unbebaute Grundstücke gesäubert und weitere Hygienemaßnahmen getroffen. Sofern dies gesetzlich möglich ist, sollten im Fall von illegaler Abfallbeseitigung strenge Strafen verhängt werden. Auch wenn dabei zunächst einmal Mehrkosten entstehen, sollte unbedingt eine reguläre Sperrmüllabfuhr eingeführt werden. Bei diesen Aktionen sollte auf eine Bürgerbeteiligung geachtet werden, da dies die Menschen motiviert, selber die Initiative zu ergreifen. DUA *ET AL.* (1997) betont die besondere Bedeutung der Beteiligung der Gemeinschaft.

MAIZINE *ET AL.* (1996b) haben mit Erfolg eine kleine, auf ein Stadtgebiet abgestimmte, Lokalzeitung verwendet, um die Bürger zur Beteiligung an den Dengue- Kampagnen zu motivieren und um Informationen zwischen den Bürgern und dem Personal des Gesundheitsministeriums auszutauschen. Diese Zeitung wurde weitgehend von den Bewohnern des Stadtviertels erarbeitet. Ein stärkere Beteiligung der Bevölkerung an den Kontrollinitiativen wird auch von ROSENBAUM *ET AL.* (1995) vorgeschlagen.

Als nächster Schritt werden Eiablagefallen aufgebaut, z.B. auf unbebauten Grundstücken, in den Gärten von Freiwilligen oder öffentlichen Flächen. Diese Fallen werden mit BTI und Copepoden präpariert. An ihnen findet eine regelmäßige Kontrolle statt. Wenn es nicht möglich ist, die unbebauten Grundstücke sauber zu halten, können dort ebenfalls die Ruderfußkrebse in Verbindung mit BTI angewendet werden. Dies gilt ebenfalls für die auf Friedhöfen aufgestellten Blumenvasen. Diese völlig zu beseitigen, wie von Gesundheitsministerium gefordert, ist wahrscheinlich unrealistisch, da dies von den Menschen nicht angenommen und umgangen wird. Auch das Auffüllen der Vasen mit Sand, wie es teilweise praktiziert wird, wird von vielen

Menschen nicht angenommen. Die Verwendung von Copepoden könnte dagegen dazu beitragen, diese Kulturhandlung wie gewohnt und ohne Gefahr beizubehalten.

Um die adulten Tiere in den Häusern zu reduzieren, können die in Kapitel 7.3 vorgestellten Fallen an die Bewohner der Region verteilt werden. Wenn dafür keine Finanzierung vorhanden ist, können sie z.B. zum Produktionspreis abgegeben werden. Die Umfrageergebnisse in Kapitel 8 zeigen, daß die meisten Menschen bereit sind, gegebenenfalls auch Mehrkosten für die Stechmückenbekämpfung in Kauf zu nehmen.

Prozeduren für die Bekämpfung einer Epidemie

Falls es zum Ausbruch einer Denguefieber-Epidemie kommt, ist die Anwendung von Insektiziden unerläßlich, um eine schnelle Abnahme der Mückenpopulation zu erreichen, wie von GRATZ (1991) vorgeschlagen wurde. Die Beseitigung der Brutplätze ist ebenfalls nötig, wobei ebenfalls bestimmte kontrollierbare Habitate zurückzulassen sind oder Eiablagefallen aufzubauen sind, die mit Copepoden und BTI behandelt werden. Bei der Insektizidanwendung sollte berücksichtigt werden, daß z.B. die Substanz Permethrin Copepoden am wenigsten schädigt (MARTEN *ET AL.* 1993).

Sobald die akute toxische Wirkung der Insektizide abgeklungen ist, können Copepoden an die Bevölkerung verteilt werden, damit diese bei der Anwendung der Tiere auf mögliche Ablageplätze helfen. Eine Anleitung zur Zucht ist in diesem Fall wahrscheinlich nicht mehr möglich, da dies zu lange dauern würde. Um das Verteilen an die Bevölkerung zu ermöglichen, ist eine Massenzucht der Tiere erforderlich, zudem ist es gegebenenfalls nötig, große Mengen von Copepoden zu transportieren, was von der Lage der Zuchtstation abhängt.

AUSBLICK

Die Verwendung von biologischen Kontrollmaßnahmen gewinnt zunehmend an Bedeutung (NAM *ET AL.* 1997). Die von verschiedenen Autoren verwendeten Copepodenarten haben mehrfach ihr Potential zur Stechmückenbekämpfung bewiesen, so daß eine ausreichende wissenschaftliche Basis für den Einsatz dieser Tiere in präventiven Kontrolleinsätzen gegeben ist (KAY *ET AL.* 1992, MARTEN *ET AL.* 1994a, b, RIVIÉRE 1985). Sie können den Einsatz von Insektiziden zwar nicht überflüssig machen, nichtsdestotrotz sind diese Crustaceen eine sinnvolle Ergänzung, die eine stärkere Berücksichtigung finden sollte.

Die Problematik der Insektizidresistenzen ist möglicherweise ein besonderes Argument, daß für den Einsatz der Copepoden spricht. Wenn es in Costa Rica zur Bildung von resistenten

Aedes aegypti Stämmen kommt, könnte es zu sehr gefährlichen Situationen für die Bevölkerung kommen, da eine Überwachung von Resistenzen nicht stattfindet (Kap. 11).

Es ist daher unbedingt erforderlich, Korrekturen in der bisherigen Verfahrensweise vorzunehmen und verstärkt präventive Ansätze, wie den Copepoden-Einsatz, zu fördern. Die Verwendung von Ruderfußkrebsen sollte zudem ohne größeren Zeitverlust implementiert werden, da die Mücken außerordentlich schnell Resistenzen entwickeln können (BISSET *ET AL.* 1997) und außerdem die ebenfalls Denguefieber übertragende Art *Aedes albopictus* in Costa Rica eingeschleppt wurde (Blancos 1998, pers. Mitt.).

Die in Chacarita gemachten Erfahrungen (Kap. 9) geben jedoch Anlaß zu der Hoffnung, daß es gelingen kann, die Ruderfußkrebse als neues System zur Mückenbekämpfung in einem Stadtviertel einzuführen. Ein Umdenkprozeß, der die hygienische Situation verbessert hat, konnte zwar nicht erreicht werden, die Copepoden wurden jedoch mit großem Enthusiasmus angewendet. Auf diese Art und Weise konnten sich die Menschen eine Methode aneignen, die sie effizient, preisgünstig und dauerhaft vor den Stechmücken schützt.

ABB. 64: Eine Blumenampel, die aus einem alten Autoreifen hergestellt wurde.

ABB. 65: Potentielle Eiablageplätze auf einem Friedhof.

12. Literatur

ANNIS, B., S. KRISNOWARDOJO, S. ATMOSOEDJONO & P. SUPARDI. 1989. Suppression of larval *Aedes aegypti* populations in household water storage containers in Jakarta, Indonesia through releases of first-instar *Toxorhynchites splendens* larvae. J. Am. Mosq. Control Assoc. 5(2):235-238.

ANNIS, B. & S. RUSMIARTTO. 1988. Trial of a quantified mass rearing method for *Toxorhynchites splendens*. J. Am. Mosq. Control Assoc. 4(3):368-369.

BARRERA, R. 1996. Competion and resistance to starvation in larvae of container-inhabiting *Aedes* mosquitoes. Ecol. Ento. 21:117-127.

BARRERA, R., J. AVILA & S. GONZALEZ-TELLEZ. 1993. Unreliable supply of potable water and elevated *Aedes aegypti* larval indices: a causal relationship ? J. Am. Mosq. Control. Assoc. 9(2): 189-195.

BAUMGARTNER, D.L. 1987. Importance of construction sites as foci for urban *Culex* in northern Illinois. J. Am. Mosq. Control Assoc. 3(1):26-34.

BELLINI, R., R. VERONESSI, M. RIZZOLI. 1994. Efficacy of various fish species in the control of rice field mosquitos. Bull. Soc. Vec. Ecol. 19 (2): 87-89.

BISSET, I., M. RODRIGUEZ, A. SOCA, N. PASTEUR, M. RAYMOND. 1997. Cross-resistance to pyrethroid and organophosphate insecticides in the southern house mosquito (Diptera: Culicidae) from Cuba. Journal of Medical Entomology 34(2):244-246.

BREAKLEY, C.J., P.L. CRAMPTON, F.E. RICKET & P.R. CHADWICK. 1984. Resistence mechanisms to DDT and Transpermethrin in *Aedes aegypti.* Pestic Sci. 15:121(12).

BROGDON, W.G. & J.C. MCALLISTER. 1998. Simplification of adult bioassays through use of time-mortality determinations in glass bottles. J.Am. Mosq. Control Assoc. 14(2):159-164.

BROWN, M.D., B.H. KAY, J.G. GREENWOOD. 1991. The predation efficiency of north-eastern Australian *Mesocyclops* (Copepoda: Cyclopoida) on mosquito larvae. Bull. Plankton Soc. Japan, Spec. Vol.: 329-338.

BROWN, M.D., B.H. KAY, J. K. HENDRIKZ. 1991. Evaluation of Australian *Mesocyclops* for mosquito control. J.Med.Entomol. 28(5):618-623.

BROWN, M.D., D.O. WALKER, J.K. HENDRIKZ, C.P. CABRAL, D.B. ARAUJO, Z.M.RIBEIRO, B. KAY. 1994. Chlorine tolerance of *Mesocyclops* copepods and three container-breeding mosquitoes. Environ. Entomol. 23(5): 1245-1249.

BROWN, M.D., J.K. HENDRIKZ, J.G. GREENWOOD & B.H. KAY. 1996. Evaluation of *Mesocyclops aspericornis* and *Toxorhynchites* speciosus as integrated predators of mosquitoes in tire habitats in Queensland. J. Am. Mosq.Control Assoc. 12(3):414-420.

CHADEE, D.D. 1991. Seasonal incidence and vertical distribuition of oviposition by *Aedes aegypti* in an urban environment in Trinidad, W.I. J. Am. Mosq. Control Assoc. 7(3):383-385.

CHADEE, D.D., R.A. WARD, R.J. NOVAK. 1998. Natural habitats of *Aedes aegypti* in the Caribbean-a review. J.Am. Mosq. Control Assoc. 14 (1): 5-11.

CHALLET, G. L. 1991. Elements of a vector control program. J. Am. Control Assoc. 7(3): 103-106.

CHAMBER, R.C.. 1985. Competition and predation among larvae of three species of treehole-breeding mosquitoes. In:

LOUNIBOS, L.P., I.R. REY & J.H. FRANK. Ecology of mosquitoes. Florida Medical Entomology Laborartory, Vero Beach, Florida, 1985. 579 S.

CLARK-GILL, S. & R.F. DARSIE. 1983. The mosquitoes of Guatemala, their identification, distribution and bionomics. Mosquito Systematics 15(3):151-284.

COATES, D. 1984. A survey of the fish fauna of Sudanese irrigation systems with reference to the use of fishes in the management of ecological problems.Fish. Management 15(3): 81(16).

COLLADO, C., D. DEFAYE, B. H. DUSSART & C.H. FERNANDO. 1984. The freshwater Copepoda of Costa Rica with notes on some species. Hydrobiologia 119:89-99.

DYE, C. 1984. Competion amongst larval *Aedes aegypti*: the role of interference. Ecol. Entoml. 9:355-357.

DRACUP, J. A. & T.C. PIECHOTA. Linkages between the ENSO and US-droughts. Am. Soc. Civ. Eng., Int. Conf. Exp. on Natural Disasters Reduction, Washington DC, 1996, Kongreßvortrag. 372 (2).

DUA, V.K., S.K. SHARMA, A. SRIVASTAVA & V.P. SHARMA. 1997. Bioenvironmental control of industrial malaria at Bharat Heavy Electrical LTD., Hardwar, India - Results of a Nine Year Study (1987-95). J. Am. Mosq. Control Assoc. 13(3):278-285.

EDMAN, J., P. KITTAYONG, K. LINRHICUM & T. SCOTT. 1997. Attractant resting boxes for rapid collection surveillance of *Aedes aegypti* inside houses. J.Am.Mosq. Control Assoc. 13(1):24-27.

FOCKS, D.A. & D.D. CHADEE. 1997. Pupal survey: an epidemiologically significant surveillance method for *Aedes aegypti*: an example using data from Trinidad. Am. J. Trop. Med. Hyg. 56(2): 159-167.

FOCKS, D.A. & S.R. SACKET: Some factors affecting interaction of *Toxorhynchites amboiensis* with *Aedes* and *Culex* in an urban environment. In:
LOUNIBOS, L.P., I.R. REY & J.H. FRANK. Ecology of Mosquitoes. Florida Medical Entomology Laborartory, Vero Beach, Florida, 1985. 579 S.

FONTENILLE, D. & F. RODHAIN. 1989. Biology and distribution of *Aedes albopictus* and *Aedes aegypti* in Madagascar. J. Am. Mosq. Control Assoc. 5(2): 219-225.

FRYER, G. 1957. The Food of some Freshwater Cyclopoid Copepods and its Ecological Significance. J. Anim. Ecol. 26:263-286.

GONZALEZ-RODRIGUÉZ, B., M.H. BADII, H. QUIRÓZ-MARTINÉZ & G.A. RODRIGUÉZ-ALMARAZ. 1993. Mosquito Vector Symposium: Life tables of *Mesocyclops longisetus* in the laboratory. J. Am. Mosq. Control Assoc. 9(4):451.

GRATZ, N.G. 1991. Emergency control of *Aedes aegypti* as a disease vector in urban aereas. J. Am. Mosq. Control. Assoc. 7(3): 353-365.

GUBBLER, D.J. & G.G, CLARK. 1996. Community involvement in the control of *Aedes aegypti.* Acta tropica 61(2):169-179.

HAWLEY, W.A. 1988. Biology of *Aedes albopictus.* J.Am. Mosq. Control Assoc. 4:1-37.

HOLYNSKI, M. & F. FIERS. 1994. *Mesocyclops thermocyclopoides* species group: redefinition and content. Hydrobiologia 292/293:41-51.

HEINEMANN, S.J. & J.N. BELKIN. 1977. Collection records of the project " Mosquitoes of Middle America", 7. Costa Rica. Mosquito Systematics 9(2):2-287.

IGARASHI, A. 1997. Impact of dengue virus infection and ist control. Immunology and Medical Microbiology 18: 291-300.

JENNINGS, C.D., J.G. GREENWOOD & B.H. KAY. 1994. Response of *Mesocyclops* to biological and physicochemical attributes of rainwater tanks. Environ. Entomol. 23(2):479-486.

JETTEN, T.H. & D.A. FOCKS. 1997. Potential changes in the distribution of dengue transmission under climate warming. Am. J. Trop. Med. Hyg. 57(3):285-297.

JORDAN, S. & S. F. HUBBARD. 1991. Influence of vegetation on the spatial distribution of *Toxorhynchites moctezuma* ovipositions in the field. J. Am. Mosq. Control Assoc. 7(1): 126-128.

KAY, B.H., C.P. CABRAL, A.C. SLEIGHT, M.D. BROWN, Z.M. RIBEREIRO, W.VASCONCELOS. 1992. Laboratory evaluation of Brasilian *Mesocyclops* for mosquito control. J. Med. Entomol. 29(4): 599-602.

KEHAR, A.A., S.I.H. JAFRI, S.S. AHMEND. 1995. Laboratory evaluation and rating of some freshwater fishes of Pakistan for the biological control of mosquitoes *Culex quinquefasciatus*. Pakistan Journal of Zoology 27(2): 157(3)

KIEFER, F. & G. FRYER. Das Zooplankton der Binnengewässer. 2.Teil. Stuttgart, 1979. 380 S.

KOURI, G.P., M.G. GUZMAN, J.R. BRAVO & C. TRIANA. 1989. Dengue haemorragic fever/dengue shock syndrome: lessons from the epidemic from the Cuban epidemic, 1981. Bull. WHO. 67:375-380.

LACEY, L.A. & D.A. DAME. 1982. The effect of *Bacillus thuringiensis* var. *israelensis* on *Toxorhynchites rutilus rutilus* (Diptera: Culicidae) in the presence and absence of prey. J. Med. Entomol. 19(5):593-596.

LACOURSIÉRE, J.O. & G. CHARPENTER. 1988. Laboratory study of the influence of water temperature and pH on *Bacillus thuringiensis* var. *israelensis* efficacy against black fly larvae. J. Am. Mosq. Control Assoc. 4(1): 64-72.

LÉONARD, P.M. & S. A. JULIANO. 1995. Effect of litter and density on fitness and population performance of the hole mosquito *Aedes triseratus*. Ecol. Entomol. 20:125-136.

LINLEY, J.R. 1989. Comparative fine structure of the eggs of *Aedes albopictus, Ae. aegypti* and *Ae.bahamensis* (Diptera: Culicidae). J. Med. Entomol. 26(6):510-521.

LOUNIBOS, L.P. 1994. Geographical and developmental components of adult size of neotropical *Anopheles*. Ecolo. Entomol. 19:138-146.

MARGALIT, J. & D. DEAN. 1985. The story of *Bacillus thuringiensis* var. *israelensis* (BTI). J. Am. Mosq. Control Assoc. 1(1): 1-7.

MARTEN, G.G. 1990. Elimination of *Aedes albopinctus* from tire piles by introducing *Macrocyclops albidus*. J. Am.Mosq.Control Assoc. 6(4):689-693

MARTEN, G.G. W. CHE, E. BORDES. 1993. Compartibility of cyclopoid copepods with mosquito insecticides. J. Am. Mosq. Control Assoc. 9(2):150-154.

MARTEN, G.G., E. S. BORDES, M. NGUYEN. 1994a. Use of cyclopoid copepods for mosquito control. Hydrobiologia 292/293: 491-496.

MARTEN, G.G., G. BORJAS, M. CUSH, E. FERNANDEZ & J.W. REID. 1994b. Control of larval *Aedes aegypti* in peridomestic breeding containers. J. Med. Entomol. 31(1): 36-44.

MARTEN, G.G., G. THOMPSON, M. NGUYEN, E.S. BORDES. Copepod production and application for mosquito control. New Orleans Mosquito Control Board 1997, 42 pp.

MAZINE, C.A.B., M.L.G. MACORIS, M.T.M. ANDRIGHETTI, S. YASUMARO, M.E. SILVA, M.J. NELSON, P.J. WINCH. 1996a. Disposable containers as larval habitats for *Aedes aegypti* in a city with regular refuse collection: A study in Marîllia, Sao Paulo State Brazil. Acta Tropica 62: 1-13.

MAIZINE, C.A.B., S. YASUMARO, M.L.G. MACORIS, M.T.M. ANDRIGHETTI, V. P. DA COSTA, P.J. WINCH. 1996B. J. Mosq. Control Assoc 12(4):732-735.

MATTINGLY, P.F. 1957. Genetical aspects of the *Aedes aegypti* problem. I. Taxonomy and bionomics. Ann. Trop. Med. Parasitol. 51:392-408.

MITCHELL, M.D., S.D. SMITH, S. JOHNSON & E.D. MORGAN. 1997. Effects of the Neem tree componds Azadirchtin, Salamin, Nimbin and 6-desatyl-Nimbin on Ecdyson 20 monoxigenase activity. Archives of Insect Biochemistry and Physiology 35(1-2):199-209.

MOLLOY, D.P. 1992. Impact of the black fly control agent *Bacillus thuringiensis* var. *israelensis* on chironomids and other nontarget insects: results of ten field trials. J. Am. Mosq. Control Assoc. 8(1):24-31.

MOREIRA, M., R. CHUIT, D. CURY. 1998. No más Dengue en mi Comunidad. Vertraulicher Bericht an das Gesundheitsministerium (Ministerio de Salud), die Krankenkasse (CCSS) und das Gesundheitsamt (INCIENSA). 28 S.

MOORE, C.G. , B.L. CLINE, E. RUIZ-TIBEN, D. LEE, H. ROMMEY-JOSEPH & E. RIVIERA-CORREA. 1978. *Aedes aegypti* in Puerto Rico. Environmental determinants of larval abundance and relation to degue virus transmision. Am. J. Trop. Med. Hyg. 27:1225-1231.

NAM, V.S., N.T. YEN, B. KAY, G.G. MARTEN, J.W. REID. 1997. Eradication of *Aedes aegypti* from a Village in Vietnam using Copepods and Comunity Participation. Im Druck.

NATHAN, M.B. 1993. Critical review of *Aedes aegypti* control programs in the Caribbean and selected neighbouring countries. J. Am. Mosq. Control Assoc. 9(1):1-7.

NOVAK, D. 1993. *Azadirachta indika* against mosquitoes. Dipterologica bohemoslovaca 5: 77-78.

OGATA, K. & A. LOPÉZ SAMOYOA. 1996. Discovery of *Aedes albopictus* in Guatemala. J. Am. Mosq. Control Assoc. 12(3):503-506.

OHGUSHI, T. 1996. Consequences of adult size for survival and reproductive performance in a herbivorous beetle. Ecol. Entomol. 21:47-55.

O´MEARA, G.F., A.D. GETTMAN, L.F. EVANS & F.D. SCHEEL. 1992. Invasion of cementaries in Florida by *Aedes albopictus*. J. Am. Mosq. Control Assoc. 8(1):1-10.

PACKER, M.J. & P.S. CORBET. 1989. Size variation and reproductive success of female *Aedes punctor*. Ecol. Entomol. 14:297-309.

PANAMERICAN HEALTH ORGANISATION. 1979. Dengue in the Caribbean 1977. Proceedings of a Workshop held in Montego Bay, Jamaica. Washington D.C. Scientific Publication 3 75. 186 S.

PETROVSKI, T. 1986. Zur Taxononomie des Genus *Mesocyclops* G.O. Sars 1914 (Crustacea, Copepoda, Cylopoida) in der Neotropis. Acta Mus Maced. Sci. Nat. 18:47-79.

PICADO, M.C. Les Bromeliceacées epiphytes considérées comme mlieu biologique. Dissertation. Paris 1913. 225 S.

PICO, R. 1969. Nueva Geografía de Puerto Rico. Editorial Universitaria, Universidad de Puerto Rico, Puerto Piedras, Puerto Rico.

PILLAI, J.S., T.L. WONG, T.J. DODGSHUN. 1976. Copepods as essential hosts for the development of a Coleomyces parasitizing mosquito larvae. J. Med. Entomol. 13(1): 49-50.

PLATT, K.B., K. J. LINTHICUM, K.S.A. MYINT, B.L. INNIS, K. LERDTHUSNEE & D.W. VAUGHN. 1997. Impact of dengue virus infection on feeding behavior of *Aedes aegypti.* Am. J. Trop. Med. Hyg. 57(2): 119-125.

PRATT, H.D., K.S. LITTIG, R.C. BARNES. 1973. Mosquitos importantes para la salud pública. Departamento de Salud, Educación y Bienestar de los E.U.A., Atlanta. 83 S.

RAO, D.R., T.R. MANI, R. RAJENDRAN, A.S. JOSEPH, A. GAJANANA & R. REUBEN. 1995. Development of a high level of resistance to *Bacillus sphaericus* in a field population of *Culex quinquefasciatus* from Kochi, India. J. Am. Mosq. Control Assoc. 11(1): 796-800.

RAWLINGS, S.C., R. MARTINEZ, S. WITSHIRE, G. LEGALL. 1998. A comparison of survaillance systems for the dengue vector *Aedes aegypti* in Port of Spain, Trinidad. J. Am. Mosq. Control Assoc. 14(2):131-136.

REID, J.W. 1985. Chave de identificao e lista de referencias bibliograficas para as especies continentais sulamericanas de vida livre da ordem cyclopoida (Copepoda, Copepoda). Bol. Zool. Univ. S. Paulo 9:17-143.

REITER, P. 1998. *Aedes albopictus* and the world trade in used tires, 1988-1995: The shape of things to come ? J. Am. Mosq. Control Assoc. 14(1):83-94.

REITER, P. & D. SPRINGER. 1987. The used tire trade: a mecanism for the worldwide dispersal of container breeding mosquitoes. J. Am. Mosq. Control Assoc. 3(3):494-501.

REITER, P., M.A. AMADOR, R.A. ANDERSON, G.G. CLARK. 1995. Dispersal of *Aedes aegypti* in an urban area after blood feeding as demonstrated by Rubidium-marked eggs. Am. J. Trop. Med. Hyg. 52: 177-187.

RENSHW, M., M.W. SERVICE & M.H. BIRLEY. 1993. Density-dependent regulation of *Aedes cantans* in natural and artificial populations. Ecol. Entoml. 18:223-233.

RITCHIE, S. 1998. Beautiful one day, dengue the next. Wing Beats 9(2):4-6.

RIVIÉRE, F. 1985. Effects of two predators on community composition and biological control of *Aedes aegypti* and *Aedes polnesiensis*. In:

LOUNIBOS, L.P., I.R. REY & J.H. FRANK. Ecology of Mosquitoes. Florida Medical Entomology Laborartory, Vero Beach, Florida, 1985. 579 S

RIVIÉRE, F. & R. THIEREL. 1981. La prédation du copépode *Mesecyclops leuckarti* sur les larves de *Aedes aegypti* and *Aedes polynensis*: essais préliminaires d´ utilization comme agent de lutte biologique. Entomophaga 26: 427-439.

RIVET, Y. & N. PASTEUR. 1993. Evolution of resistance genes in absence of insecticide selection in a hypogeous population of Culex pipiens from the French Alpes. J. Am. Mosq. Control Assoc. 9(2): 206-209.

RODRIGUÉZ-FIGUEROA, L., J.G. RIGAU-PERÉZ, E.L. SUÁREZ & P. REITER. 1995. Risk factors for dengue infection during an outbreak in Yanes, Puerto Rico in 1991. Am. J. Trop. Med. Hyg. 52(6):496-502.

ROSENBAUM, J., M.B. NATHAN, R. RAGOONANSINGH, S. RAWLINGS, C. GAYLE, D.D. CHADEE, L.S. LLOYD. 1995. Community participation in dengue Prevention and control: a survey of knowledge, attitudes and practice in Trinidad and Tobago. Am. J. Trop. Med. Hyg. 53(2):111-117.

ROW, D., P. WEINSTEIN & S. MURRAY-SMITH. 1996. Dengue fever with encephalopathy in Australia. Am. J. Trop. Med. Hyg. 54(3):253-255.

SANTOS, L.U.D. & C.F.S.D. ANDRADE. 1997.Survey of cyclopid copepods in Brazil and preliminary screening of their potential as dengue vector predators. Revista de Saude Publica 31(3):221-226.

SCHAPER, S.1999. Evaluation of Costa Rican Copepods (Crustacea: Eudecapoda) for Larval *Aedes aegypti* Control with special Reference to *Mesocyclops thermocyclopoides.* J.Am.Mosq.Control Assoc. 15:510-519.

SCOTT, T.W., A. NAKSATHIT, J.F. DAY, P. KITTAYONG & J.D. EDMAN. 1997. A fitness advantage for *Aedes aegypti* and the viruses it transmits when females feed only on human blood. Am. J. Trop. Med. Hyg. 57(2): 235-239.

SCHREIBER, E.T. C.F. HALLMON, K.M. ESKRIDGE & G.G. MARTEN. 1996. Effects of *Mesocyclops longisetus* on mosquitoes that inhabit tires: influence of litter type, quality and quatity. J. Am. Control Assoc. 12(4):688-694.

SERVICE, M.W. 1985. Mosquito ecology. Field sampling methods. 593 S.

SHERMAN, C., E. FERNÁNDEZ & H. PORTILLIO. 1993. Mosquito Vector Symposium: The turtle *Pseudemys scripta*, as a biological agent for *Aedes aegypti* control in El Progreso, Honduras. J. Am. Mosq. Control Assoc. 9(1):450.

SOPER, F.L. 1952. Yellow fever in the Caribbean. Bol. Of. Sanit. Panam. 32.197-205.

STOOF, W. 1982. A comparative study on the short term effects of 15 chemicals on fresh water organisms of different trophic levels. Neth. Natl. Inst. for Water Supply. Report. 25 S.

SU, T. AND M.S. MULLA. 1998. Ovicidal activity of neem products (Azadirachtin) against *Culex tarsalis* and *Culex quinquefasciatus* (Diptera: Culicidae). J.Am. Mosq. Control Assoc.14(2):204-209.

SUÁREZ, M.F., G.G. MARTEN, G.C. CLARK. 1992. A simple method for cultivating freshwater copepods used in biological control of *Aedes aegypti*. J. Am. Mosq.Control Assoc. 8(4):409-412.

SUNNARA, Y. & T. SOCHANTA. 1995. The epidemiology, ecology and strategy for control of dengue hemorragic fever in the Kingdom of Cambodia.

TAMARU, T., K. RUOHOMÄKI, K. SAIKKONNEN. 1996. Components of male fitness in relation to body size in *Epirrita autumnata*. Ecol. Entomol. 21:185-192.

TIDEWELL, M.A., D.C. WILLIAMS, T. CARVALHO TIDWELL, C.J. PEÑA, T.A. GWINN, D.A. FOCKS, A. ZAGLUL, M. MERCEDEZ. 1990. Baseline data on *Aedes aegypti* populations in Santo Domingo, Domincan Republic. J. Am. Mosq. Control Assoc. 6(3):514-522.

TIETZE, N.S., P.G. HESTER, K.R. SHAFFER, S.J. PRESCOTT AND E. T. SCHREIBER. 1994. Integrated management of waste tire mosquito utilizing *Mesocyclops longisetus, Bacillus thuringiensis* var. *israelensis* and Methoprene. J. Am. Mosq. Control Assoc. 10(3):363-373.

TRAPIDO, G.P. & P. GALINDO. 1956. The epidemiology of yellow fever in middle America. Exp. Parasitol. 5:285-323.

TUN-LIN, W., B.H. KAY & A. BARNES. 1995a. Understanding productivity, a key to *Aedes aegypti* surveilliance. Am. J. Trop. Med. Hyg. 53: 595-601.

TUN-LIN, W., B.H. KAY & A. BARNES. 1995b. The premise condition index: a tool for streamlining surveys of *Aedes agypti*. Am. J. Trop. Med. Hyg. 53(6):591-594.

TUN-LIN, W., B.H. KAY, A. BARNES & S. FORSYTH. 1996. Critical examination of *Aedes aegypti* indices: correlations with abundance. Am. J. Trop. Med. Hyg. 54(5):543-547.

U.S. DEPARTMENT OF HEALTH EDUCATION AND WELFARE. 1979. Biology and Control of *Aedes aegypti*. Vector Topics (4): 68 S.

VON ALLMEN, S.D., R.H. LOPÉZ-CORREA, J.P. WOODALL, D.M. MORENS, J. CHIRIBOGA, A. CASTA-VALÉZ. 1979. Epidemic dengue fever in Puerto Rico, 1977: a cost analysis. Am. J. Trop. Med. Hyg. 28:1040-1044.

WINCH, P.J., G. BARRIENTOS-SÁNCHEZ, E. PUIGSERVER-CASTRO, L. MANZANO-CABRERA. L.S. LLOYD & J.F. MENDÉZ-GALVAN. 1992. Variation in *Aedes aegypti* larval indices over a one year period in a neighborhood of Mérida, Yucatán, México. J. Am. Mosq. Control. Assoc. 8(3):193-195.

WILIAMSON, C.E. 1980. The predatory Behavior of *Mesocyclops edax*: Predator preferences, prey defences, and starvation-induced changes. Limnol. Oceanogr. 25(5):903-909

WILIAMSON, C.E. 1981. Foraging Behavior of a Freshwater Copepod: Frequency Changes in Looping Behavior at High and Low Prey Densities. Oecologia 50: 332-336

WU, S.-J. L., C.G. HAYES, D.R. DUBOIS, M.G. WINDHEUSER, Y.-H. KANG, D.M. WATTS & D.G. SIECKMANN. 1995. Evaluation of the severe combined immonodeficiency (SCID) mouse as an animal model for Dengue viral infection. Am. J. Trop. Med. Hyg. 52(5):468-476.

Quellen im Internet

WORLD HEALTH ORGANISATION (WHO): WWW.WHO.org

CENTER FOR DISEASE CONTROL AND PREVENTION (CDC): WWW.CDC.gov

MINISTERIO DE SALUD, COSTA RICA: WWW.netsalud.sa.cr